Einführung in die
Theoretische Kinematik

insbesondere für Studierende des Maschinenbaues

der Elektrotechnik und der Mathematik

Von

Reinhold Müller

Dr. phil., Dr. rer. techn. h. c., o. Professor i. R.
an der Technischen Hochschule Darmstadt

Mit 137 Abbildungen im Text

Springer-Verlag Berlin Heidelberg GmbH

1932

ISBN 978-3-662-27321-0   ISBN 978-3-662-28808-5 (eBook)
DOI 10.1007/978-3-662-28808-5

Vorwort.

Das vorliegende Buch ist aus den Vorlesungen entstanden, die ich
während einer längeren Reihe von Jahren an der Technischen Hochschule Darmstadt in häufig wechselnder Gestalt, vornehmlich für die Studierenden des Maschinenbaues und der Elektrotechnik in ihrem zweiten
Semester, zugleich aber auch für Studierende der Mathematik regelmäßig
gehalten habe. Sie bildeten die theoretische Grundlage für die eigentliche Getriebelehre, die von einem Vertreter des Maschinenbaues in einem
späteren Semester vorgetragen wurde.

Die Behandlung des Stoffes ist, schon aus didaktischen Gründen,
in der Hauptsache rein geometrisch, weil es sich um eine Vorlesung für Anfänger handelte, bei der die Verwendung anschaulicher
Methoden besonders geboten erscheint. Wo es aber angezeigt ist, benutze ich auch analytisch-differentialgeometrische Betrachtungen.
Selbstverständlich arbeite ich unbedenklich mit geometrisch anschaulichen Ausdrücken wie „unendlich klein" und „unendlich benachbart".
Derartige wohlbekannte Ausdrucksweisen ebenso wie das Operieren mit
unendlich kleinen Größen verschiedener Ordnung lassen in Verbindung
mit der Figur den begrifflichen Kern der angewendeten Schlüsse vielfach klarer hervortreten als manche „strenge" Methoden und ermöglichen es, die Fülle des vorliegenden Stoffes auf knappstem Raume und
leicht verständlich zu bewältigen.

Für Studierende, die dem Gegenstand Geschmack abgewonnen
hatten und eine weitergehende theoretische Ausbildung anstrebten,
habe ich von Zeit zu Zeit ergänzende Vorlesungen angeschlossen, bei
denen ich die Elemente der projektiven Geometrie und etwas gründlichere Kenntnisse der analytischen Geometrie voraussetzen durfte.
Einiges davon ist in die folgenden Darlegungen aufgenommen worden;
die betreffenden Artikel sind durch einen vorgesetzten Stern gekennzeichnet und können allenfalls überschlagen werden, ohne daß das Verständnis des Folgenden dadurch beeinträchtigt wird. Manches andere,
wie z. B. das Problem der genauen und der angenäherten Geradführung
oder die Rastgetriebe, mußte hier unberücksichtigt bleiben, um den
Rahmen des Buches nicht zu überschreiten. Vielleicht bietet sich Gelegenheit, solche Dinge in einer späteren Fortsetzung zu behandeln.

Das sechste Kapitel über die Beschleunigung, das seinen Platz aus Gründen des von mir gewählten systematischen Aufbaus erst ziemlich am Ende des Buches erhalten hat, kann von dem von der Mechanik herkommenden Leser unmittelbar an das zweite Kapitel angeschlossen werden.

Auf meine Darstellung der theoretischen Kinematik hat naturgemäß das groß angelegte Werk meines hochverehrten Lehrers L. Burmester einen starken Einfluß geübt; der sachkundige Leser dürfte jedoch bemerken, daß ich vielfach meine eigenen Wege gegangen bin.

Hinsichtlich der Literaturangaben und historischen Notizen habe ich mich auf das Notwendigste beschränkt; ich verweise in dieser Beziehung auf den Abschnitt über Kinematik von Schoenflies und Grübler im vierten Bande (Mechanik) der Enzyklopädie der Mathematischen Wissenschaften, abgeschlossen im Juni 1902, sowie auf die zahlreichen Anmerkungen in Burmesters Kinematik. Die neuesten Arbeiten, die dort nicht angeführt sein können, findet man hauptsächlich in der Zeitschrift für angewandte Mathematik und Mechanik und in der VDI-Zeitschrift.

Es ist mir schließlich eine angenehme Pflicht, meinem verehrten Kollegen Herrn Professor Dr. A. Walther für manchen wertvollen Rat zu danken; ebenso danke ich ihm sowie den Herren cand. E. Gassner, Dipl.-Ing. O. Heck und Dipl.-Ing. W. Treusch für die Mithilfe bei der Korrektur. Ganz besonderen Dank schulde ich aber der Verlagsbuchhandlung, die in schwerer Zeit das Buch übernommen und in gewohnter vorzüglicher Weise ausgestattet hat.

Darmstadt, im Juni 1932.

R. Müller.

Inhaltsverzeichnis.

Seite

Einleitung 1

**Erstes Kapitel. Grundlegende Sätze über die Bewegung eines starren
ebenen Systems in seiner Ebene** 2

Der momentane Pol der Bewegung. 2
Der momentane Geschwindigkeitszustand des Systems 5
Die Polkurven 10
Die Umkehrung der Bewegung. 13

Zweites Kapitel. Die Krümmungsmittelpunkte der Bahnen 17

Metrische Beziehungen 17
Die Bobillierschen Konstruktionen 22
Beziehungen zwischen den Paaren entsprechender Krümmungsmittel-
punkte auf einer durch den Pol gehenden Geraden 24
Beziehungen zwischen den Paaren entsprechender Krümmungsmittel-
punkte innerhalb der ganzen bewegten Ebene. Der Wendekreis und
der Rückkehrkreis der Systemlage 30
Die Kreispunktkurve und der Ballsche Punkt der Systemlage. Die Krüm-
mungsmittelpunkte der Polkurven 40
Der Pol als Systempunkt 52

**Drittes Kapitel. Von den gegenseitigen Bewegungen mehrerer ebenen
Systeme** 54

**Viertes Kapitel. Die zyklischen Kurven und die Verzahnung der
Stirnräder** 59

Entstehung und Einteilung der zyklischen Kurven 59
Konstruktion der zyklischen Kurven 64
Geometrische Grundlagen der Verzahnung der Stirnräder 71

Fünftes Kapitel. Das Kurbelgetriebe 75

Die verschiedenen Arten des Kurbelgetriebes 75
Die Koppelkurve 82
Spezielle Fälle und Ausartungen des Kurbelgetriebes 89

Sechstes Kapitel. Die Beschleunigung der ebenen Bewegung . . . 102

Die Beschleunigung bei der ebenen Bewegung eines Punktes 102
Die Beschleunigungen der Punkte eines ebenen Systems 108

**Siebentes Kapitel. Grundzüge der Theorie der Bewegung eines starren
räumlichen Systems** 115

Die Bewegung eines starren räumlichen Systems um einen festen Punkt 115
Die allgemeinste Bewegung eines starren räumlichen Systems 118

Literaturverzeichnis 126

Literaturverzeichnis.

Beyer, R.: Technische Kinematik. Leipzig 1931.
Bricard, R.: Leçons de cinématique. Paris 1926.
Burmester, L.: Lehrbuch der Kinematik. Leipzig 1888.
Grübler, M.: Getriebelehre. Berlin: Julius Springer. 1917.
Hartmann, W.: Die Maschinengetriebe. Berlin 1913.
Koenigs, G.: Leçons de cinématique. Paris 1897.
Krause, M.: Analysis der ebenen Bewegung. Berlin und Leipzig 1920.
Mannheim, A.: Principes et développements de géométrie cinématique. Paris 1894.
Polster, H.: Kinematik. Sammlung Göschen 1912.
Pöschl, Th.: Einführung in die ebene Getriebelehre. Berlin: Julius Springer. 1932.
Reuleaux, F.: Theoretische Kinematik Bd. 1. Braunschweig 1875.
Schell, W.: Theorie der Bewegung und der Kräfte Bd. 1. Leipzig 1870, 2. Aufl. Leipzig 1879.
Schoenflies, A.: Geometrie der Bewegung in synthetischer Darstellung. Leipzig 1886.

Einleitung.

Die Kinematik ist ein Teil der Mechanik oder, wie man auch sagen könnte, sie steht gewissermaßen in der Mitte zwischen Mechanik und Geometrie. Definiert man nämlich als Aufgabe der Mechanik die Untersuchung der Bewegungen und der sie verursachenden Kräfte, so versteht man unter Kinematik die Lehre von der Bewegung ohne Rücksicht auf die Kräfte, also auch unabhängig von den bewegten Massen. Die Kinematik bedarf daher nur der Begriffe Raum und Zeit. Wird auch von der Zeit abgesehen, in der die Bewegung vor sich geht, mithin auch von den Geschwindigkeiten und den Beschleunigungen der bewegten Punkte, so befindet man sich im Gebiete der kinematischen Geometrie, die sich hauptsächlich mit den Eigenschaften der durch die Bewegung erzeugten geometrischen Gebilde beschäftigt.

Da es sich in der Kinematik vorzugsweise um solche Bewegungsvorgänge handelt, wie sie bei den Maschinen vorkommen, wobei die Untersuchung in der Regel auf geometrisch anschaulichem Wege erfolgt, so erklärt man die Kinematik wohl auch als geometrische Bewegungslehre und ihre Anwendung auf die Maschinen.

Die Gesamtheit aller bewegten Punkte, Linien usw. bezeichnet man in der Kinematik als das bewegte System. Das System heißt starr, wenn seine sämtlichen Punkte ihre gegenseitigen Entfernungen im Laufe der Bewegung nicht ändern. Liegen die Bahnen aller Systempunkte in derselben Ebene oder in parallelen Ebenen, so spricht man von einer ebenen Bewegung, andernfalls nennt man die Bewegung räumlich. Um die ebene Bewegung eines starren Körpers zu untersuchen, genügt die Betrachtung eines Schnittes des Körpers mit einer jener parallelen Ebenen. So ergibt sich als nächstliegende, aber auch praktisch wichtigste Aufgabe der Kinematik die Untersuchung der Bewegung eines starren ebenen Systems in seiner Ebene.

Grundlegende Sätze über die Bewegung eines starren ebenen Systems in seiner Ebene.

Der momentane Pol der Bewegung.

1. Von dem in der festen Zeichenebene Σ bewegten starren ebenen System S seien irgend zwei Lagen, von denen wir die erste der Einfachheit wegen gleichfalls mit S, die zweite mit S' bezeichnen[1], durch die

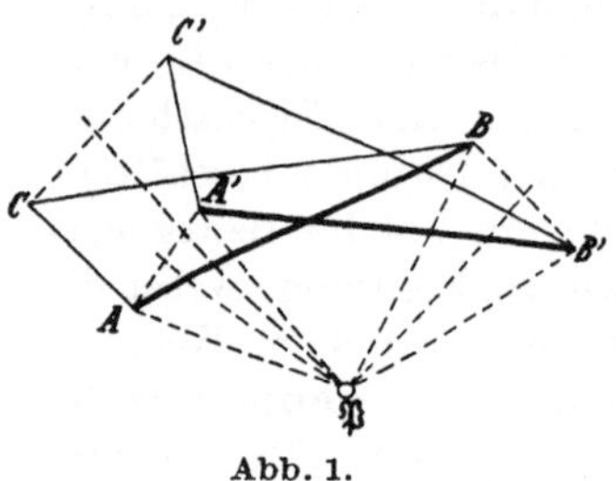

Abb. 1.

entsprechenden Lagen A, A' und B, B' zweier Systempunkte A und B gegeben; dabei ist $AB = A'B'$ (Abb. 1). Dann erhalten wir zur Lage C eines dritten Systempunktes die entsprechende Lage C', indem wir die Dreiecke ABC und $A'B'C'$ gleichsinnig kongruent machen.

Konstruieren wir den Schnittpunkt $\mathfrak{P}$ der Mittelsenkrechten der Strecken AA' und BB', so sind die Dreiecke $AB\mathfrak{P}$ und $A'B'\mathfrak{P}$ gleichsinnig kongruent. Betrachten wir also $\mathfrak{P}$ als einen Punkt der Systemlage S, so entspricht ihm in S' wieder derselbe Punkt, d. h. $\mathfrak{P}$ ist ein Doppelpunkt der beiden kongruenten Systeme S und S', und zwar der einzig mögliche, da die Systeme sonst miteinander zusammenfielen.

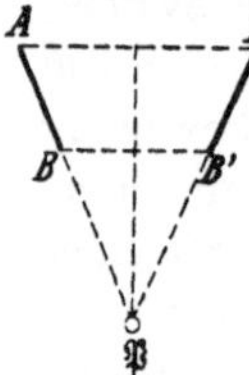

Abb. 2.

Drehen wir die Systemlage S um $\mathfrak{P}$, bis $\mathfrak{P}A$ nach $\mathfrak{P}A'$ gelangt, so fällt B auf B', ebenso C auf C', überhaupt S auf S'. Der Übergang des Systems aus einer Lage in eine andere kann demnach stets bewirkt werden durch eine Drehung um einen bestimmten Punkt $\mathfrak{P}$; wir nennen ihn den Pol der beiden Systemlagen.

Da $\mathfrak{P}C = \mathfrak{P}C'$ ist, so geht durch $\mathfrak{P}$ auch die Mittelsenkrechte von CC'.

Der Pol $\mathfrak{P}$ ist durch die Lagen AB und $A'B'$ einer Systemstrecke eindeutig bestimmt, auch wenn wie in Abb. 2 die Mittelsenkrechten von

---

$A A'$ und $B B'$ zusammenfallen; dann ist $\mathfrak{P}$ der Schnittpunkt von $A B$ und $A'B'$. — Ist $A B \parallel A'B'$, so liegt $\mathfrak{P}$ unendlich fern, und an die Stelle der Drehung tritt eine **Parallelverschiebung** (Translation) von S nach S' (Abb. 3).

2. Verstehen wir unter S und S' zwei „**unendlich benachbarte**" **Lagen** eines in der Ebene Σ auf irgendeine Weise bewegten starren Systems, so sind die „unendlich kleinen" Verbindungsstrecken $A A'$, $B B'$, $C C' \ldots$ die von den Systempunkten $A, B, C \ldots$ er-
zeugten Bahnelemente, ihre Mittelsenkrechten sind also die Normalen der zugehörigen Bahnkurven, und dann ergibt sich aus dem Vorigen der Satz: **Bewegt sich ein starres ebenes System irgendwie in seiner Ebene, so gehen in jeder seiner Lagen die Normalen aller augenblicklich durchlaufenen Bahnstellen durch einen bestimmten Punkt,** den *Pol* dieser Systemlage, oder wie wir auch sagen

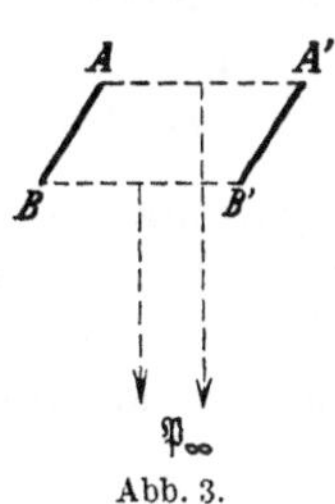

Abb. 3.

können, den **momentanen Pol des Systems**[1]. Während eines Zeit-elements können wir also die Bewegung als eine unendlich kleine Drehung um den Pol, den momentan festen Systempunkt, betrachten.

3. **Die Bewegung des Systems ist rein geometrisch, d. h.** ohne Rücksicht auf die Zeit, in der sie vor sich geht, **durch die An-fangslagen A und B zweier Punkte und ihre Bahnkurven α und β ge-geben** (Abb. 4). Um die Bahnkurve γ eines dritten Systempunkts mit der An-fangslage C zu ermitteln, zeichnet man die Strecke $A B$ in einer Reihe weiterer Lagen $A'B'$, $A''B'' \ldots$ und über ihnen die Dreiecke $A'B'C'$, $A''B''C'' \ldots$, die zu $A B C$ gleichsinnig kongruent sind. — **Die Normale in irgendeinem Punkte**

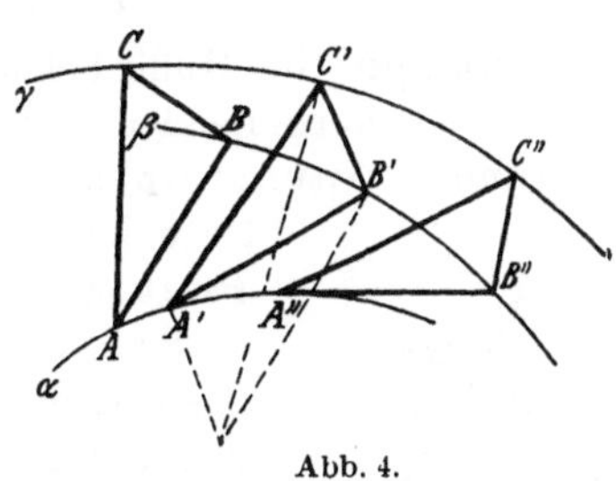

Abb. 4.

von γ ergibt sich mit Hilfe des zugehörigen Pols, der wiederum durch die Normalen in den entsprechenden Punkten von α und β bestimmt ist. Diese Normalenkonstruktion versagt selbstverständlich für die Bahn-kurve des Punktes, der mit dem Pol augenblicklich zusammenfällt[2].

4. Die aufeinanderfolgenden Lagen einer dem bewegten System S angehörenden Kurve k umhüllen in der festen Ebene Σ eine gewisse

---

[1] **Joh. Bernoulli** 1742; vgl. De centro spontaneo rotationis, Opera Bd. 4, S. 265.

[2] Auf die fundamentale Bedeutung des Pols für die Konstruktion der Normalen der Bahnkurven hat wohl zuerst **Chasles** hingewiesen in seinem 1878 veröffentlichten, aus dem Jahre 1829 stammenden Mémoire de géométrie sur la construction des normales etc. Bull. Soc. Math. France Bd. 6, S. 208 ff.

Kurve $\varkappa$, die wir als die **Hüllbahnkurve** der Systemkurve k bezeichnen. Sind k und k' zwei unendlich benachbarte Lagen von k, so entspricht ihrem Schnittpunkte G', wenn wir ihn zu k' rechnen, auf k ein unendlich benachbarter Punkt G, der Berührungspunkt von k und $\varkappa$ (Abb. 5). Der

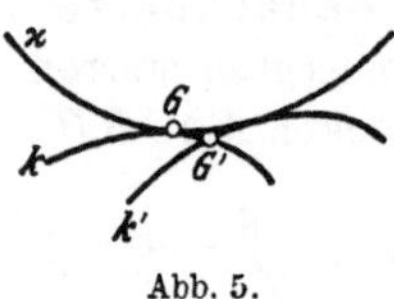

Abb. 5.

Punkt G beschreibt eine Bahnkurve γ, die mit k das Element GG', d. h. die Tangente in G, gemein hat. Die Normale von γ in G — und das ist zugleich die Normale von k — geht aber nach Art. 2 durch den momentanen Pol $\mathfrak{P}$; wir erhalten daher den Satz: **Die Normale des Punktes, in dem eine Systemkurve augenblicklich ihre Hüllbahnkurve berührt, geht durch den Pol der Systemlage.** Wir nennen den Punkt G der Kurve k, der sich soeben in der Richtung der Tangente der Kurve bewegt, den **momentanen Gleitpunkt** von k. Jede Systemkurve hat

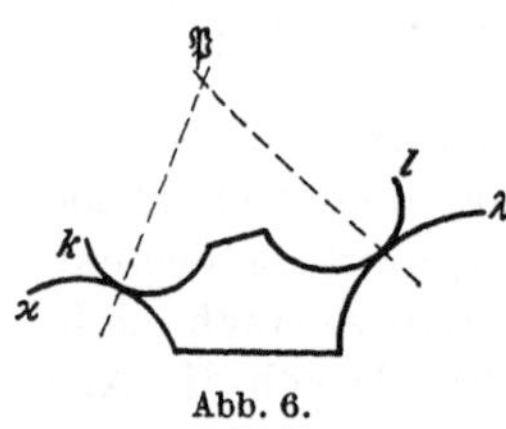

Abb. 6.

also in einer bestimmten Lage so viele Gleitpunkte wie Normalen aus dem momentanen Pol.

Da der Gleitpunkt im allgemeinen auf der Systemkurve fortwährend wechselt, so ergibt sich die **Hüllbahnkurve auch als die Einhüllende der Bahnen aller Punkte der Systemkurve.**

Schrumpft die Hüllbahnkurve auf einen Punkt zusammen, so folgt aus dem vorhergehenden Satz: **Ist eine Systemkurve gezwungen, beständig durch einen festen Punkt zu gleiten, so geht für jede Lage der Kurve ihre Normale in diesem Punkte durch den momentanen Pol.**

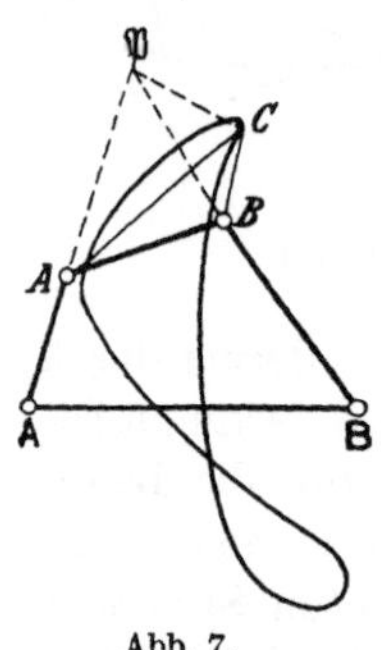

Abb. 7.

Sind von zwei Kurven k und l des bewegten Systems die Hüllbahnkurven $\varkappa$ und λ in der festen Ebene gegeben, so ist die Bewegung des Systems in allgemeinster Weise bestimmt. Für die in Abb. 6 gezeichnete Systemlage ergibt sich der Pol $\mathfrak{P}$ als Schnittpunkt der Normalen in den Berührungspunkten der beiden Kurvenpaare.

5. Aus den bisher abgeleiteten Sätzen folgt die **Konstruktion der Normalen und Tangenten bei vielen mechanisch erzeugten Kurven.**

I. Sollen zwei Systempunkte A und B bzw. die Kreise α und β um A und B beschreiben, so läßt sich die Bewegung auch durch das Gelenkviereck $A\,B\,$BA hervorbringen, dessen Seiten in den vier Eckpunkten durch Achsen, die auf der Zeichenebene senkrecht stehen, drehbar aneinander geschlossen sind, und bei dem das Glied AB die feste Ebene Σ und das Glied $A\,B$ das bewegte System S darstellt (Abb. 7). Der so erhaltene Gelenkmechanismus wird in der Praxis als Kurbelgetriebe bezeichnet, das feste Glied AB heißt der Steg, das gegenüberliegende Glied $A\,B$ die Koppel, die beiden andern Glieder AA und BB, die sich um A und B drehen, sind die Arme des Kurbelgetriebes. Die technisch wichtige und geometrisch interessante Kurve, die ein beliebiger Punkt C der Koppelebene S be- schreibt, wird Koppelkurve genannt. Die Verlängerungen der beiden Arme schneiden sich im Pole $\mathfrak{P}$ der gezeichneten Koppellage; dann ist $C\,\mathfrak{P}$ die Normale der Bahnkurve des Punktes C.

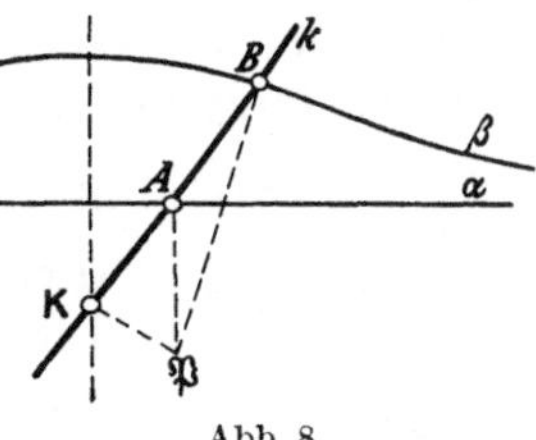

Abb. 8.

II. Bewegt sich der Punkt A der starren Geraden k, die durch den Punkt K gleitet, auf der Geraden α, so beschreibt ein beliebiger Punkt B von k eine Bahnkurve β, die als Konchoide des Nikomedes bezeichnet wird (Abb. 8). Ihre Normale in B geht nach dem Schnittpunkt $\mathfrak{P}$ der Normalen in A zu α und in K zu k.

III. In Abb. 9 gleitet ein starrer rechter Winkel mit dem Schenkel k durch den festen Punkt K und mit dem Schenkel l an der festen Kurve λ; dann erzeugt der Scheitel C die Fußpunktkurve von λ in bezug auf K als Lotpunkt. Der momentane Pol $\mathfrak{P}$ ist die

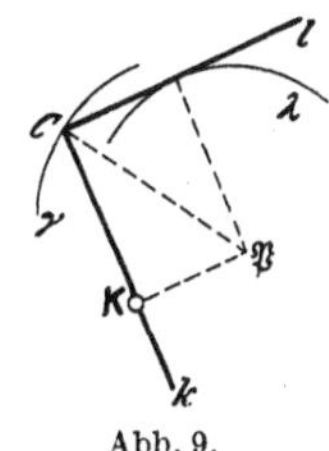

Abb. 9.

vierte Ecke des Rechtecks aus K, C und dem Berührungspunkt von l mit λ, und die Gerade $C\,\mathfrak{P}$ ist die Normale der Fußpunktkurve.

Der momentane Geschwindigkeitszustand des Systems.

6. Begriff der Geschwindigkeit. Die Bewegung des Punktes A auf einer gegebenen Bahnkurve α läßt sich in ihrem zeitlichen Verlauf in der Weise beschreiben, daß man die von einem Anfangspunkt A_0 aus gemessene Bogenlänge s als Funktion der Zeit t darstellt, also in der Form

$$s = f(t).$$

Befindet sich der Punkt zur Zeit t an der in Abb. 10 mit A bezeichneten Stelle und durchläuft er von hier aus in der unendlich kleinen Zeit dt das Kur- venelement $A\,A' = ds$, so würde er, wenn er sich in derselben Richtung gleichförmig weiterbewegte, in der Zeiteinheit auf der Tangente von α die Strecke

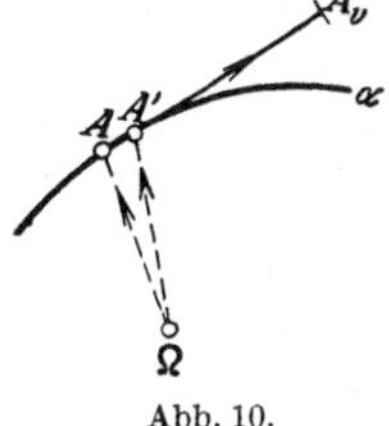

Abb. 10.

$$A\,A_v = \frac{ds}{dt}$$

zurücklegen. Dann nennt man die in dieser Weise nach Größe und

Richtung bestimmte Strecke $A A_v$ die Geschwindigkeit des bewegten Punktes an der Stelle A. Man mißt sie gewöhnlich in Metern je Sekunde.

Trägt man in einem rechtwinkligen Koordinatensystem die Zeiten als Abszissen, die Weglängen als Ordinaten auf und benutzt man dabei zur Darstellung der Einheiten von Zeit und Weg dieselbe Strecke, so ist $\frac{ds}{dt}$, also die Maßzahl der Geschwindigkeit des Punktes A, gleich der

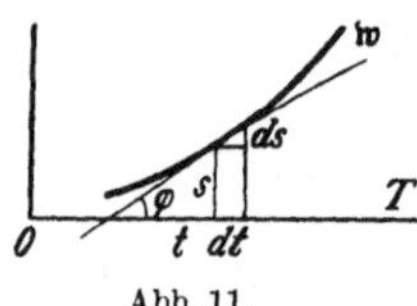

Abb. 11.

trigonometrischen Tangente des Winkels φ, den die Tangente im entsprechenden Punkte der so entstandenen **Wegzeitkurve** $\mathfrak{w}$ mit der Zeitachse OT bildet (Abb. 11).

7. Die Geschwindigkeit eines Punktes ist hiernach eine gerichtete Strecke oder, wie man sagt, ein **Vektor**. A heißt der Anfangspunkt, A_v der Endpunkt des Vektors $A A_v$. — Der Vektor $A_v A$ ist $= -A A_v$.

Die Geschwindigkeiten zweier Punkte A und B sind nur dann einander gleich, wenn sie parallel und von gleicher Größe und Richtung sind.

Unter der **geometrischen Summe** zweier Vektoren a und b versteht man den Vektor c, den man erhält, indem man a und b ungeändert

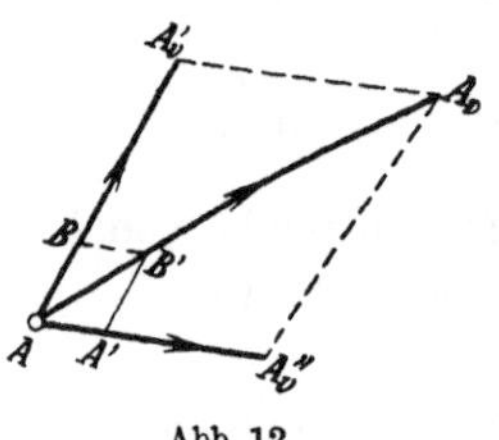

Abb. 12.

nach Größe und Richtung aneinandersetzt; c geht dann vom Anfangspunkt von a nach dem Endpunkt von b.

Im Sinne der Vektorenrechnung kann man die in Abb. 10 dargestellte Bewegung des Punktes A auch dadurch definieren, daß man seine jeweilige Lage mit einem festen Punkt Ω verbindet und den veränderlichen Vektor $\Omega A = r$ als eine Funktion der Zeit angibt. Dann ist der Vektor $\Omega A'$ die geometrische Summe der Vektoren ΩA und $A A'$, oder $A A'$ ist die geometrische Änderung des Vektors r im Zeitelement dt. Der **Vektor** $A A_v$ der Geschwindigkeit des Punktes A ist hiernach die geometrische Änderung des Vektors $\Omega A = r$ in der Zeiteinheit oder der Differentialquotient des Vektors r nach der Zeit.

8. **Zusammensetzung der Geschwindigkeiten** (Abb. 12). Bewegt sich der Punkt A in der Ebene S, die gleichzeitig in der Ebene Σ bewegt wird, und beschreibt er im Zeitelement dt in S das Bahnelement $A B$, so gelangt dieses Element nach Ablauf der Zeit dt in Σ in eine Lage $A'B'$; der Punkt A ist also infolge der beiden gleichzeitigen Bewegungen nach B' gekommen. Da die Bewegung der Ebene S im Zeitelement dt eine unendlich kleine Drehung um den momentanen Pol ist, so bilden die gleichen Strecken $A B$ und $A'B'$ einen unendlich kleinen Winkel, das Viereck $A B B'A'$ kann demnach als ein Parallelogramm be-

trachtet werden. Machen wir auf AB, AA' und AB' bzw. die Strecken

$$AA'_v = \frac{AB}{dt}, \quad AA''_v = \frac{AA'}{dt} \quad \text{und} \quad AA_v = \frac{AB'}{dt}, \quad \text{so sind} \quad AA'_v, \; AA''_v \; \text{und}$$

AA_v bzw. die Geschwindigkeiten des Punktes A in der Ebene S, des mit A zusammenfallenden Punktes von S in der Ebene Σ und die resultierende Geschwindigkeit von A in Σ; dabei bezeichnen wir AA'_v als die relative, AA''_v als die Führungsgeschwindigkeit des Punktes A. Das Viereck $AA'_v A_v A''_v$ ist ebenfalls ein Parallelogramm, wir erhalten daher den Satz: Werden dem Punkte A gleichzeitig zwei Geschwindigkeiten von der Größe und Richtung der Strecken AA'_v und AA''_v erteilt, so ist die Diagonale AA_v des aus ihnen gebildeten Parallelogramms die resultierende Geschwindigkeit des Punktes A. Oder kürzer: Die resultierende Geschwindigkeit ist die geometrische Summe der Geschwindigkeiten AA'_v und AA''_v.

Hieraus ergibt sich zugleich die Zerlegung der Geschwindigkeit AA_v in zwei Komponenten.

9. **Die Geschwindigkeiten der Punkte eines starren ebenen Systems.** Kennt man die augenblicklichen Lagen A und B zweier Systempunkte und ihre Bahnkurven α und β sowie die Geschwindigkeit

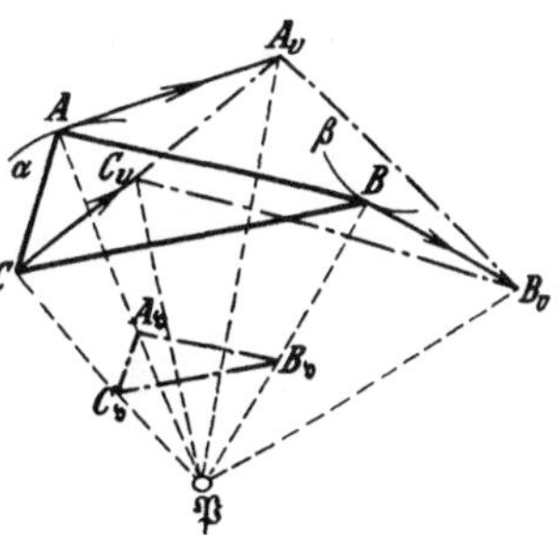

Abb. 13.

AA_v von A, so ist auch die Geschwindigkeit BB_v des Punktes B bestimmt (Abb. 13). Denn die Momentanbewegung des Systems S ist eine unendlich kleine Drehung um den Pol $\mathfrak{P}$, der sich als Schnittpunkt der Bahnnormalen in A und B ergibt; die Geschwindigkeiten AA_v und BB_v verhalten sich also wie die unendlich kleinen Kreisbögen, welche die Punkte A und B im Zeitelement dt um den Mittelpunkt $\mathfrak{P}$ beschreiben, d. h. wie die Polabstände $\mathfrak{P}A$ und $\mathfrak{P}B$. Man erhält also BB_v, indem man das Dreieck $\mathfrak{P}BB_v$ dem rechtwinkligen Dreieck $\mathfrak{P}AA_v$ gleichsinnig ähnlich macht, und ebenso findet man die Geschwindigkeit CC_v irgendeines andern Systempunktes C.

Aus der Ähnlichkeit der Dreiecke $\mathfrak{P}AA_v$ und $\mathfrak{P}BB_v$ folgt weiter, daß auch die Dreiecke $\mathfrak{P}AB$ und $\mathfrak{P}A_v B_v$ gleichsinnig ähnlich sind, und dasselbe gilt überhaupt von den Figuren $\mathfrak{P}ABC\ldots$ und $\mathfrak{P}A_v B_v C_v\ldots$ Wir erhalten daher den Satz: Das System S_v der Endpunkte der Geschwindigkeiten ist dem bewegten System S gleichsinnig ähnlich, und der Pol $\mathfrak{P}$ ist der Doppelpunkt beider Systeme. Der mit $\mathfrak{P}$ zusammenfallende Systempunkt hat momentan die Geschwindigkeit Null; der Punkt $\mathfrak{P}$ heißt deshalb auch der Geschwindigkeitspol der Systemlage.

Bezeichnen wir mit $d\vartheta$ den unendlich kleinen Drehungswinkel des Systems im Zeitelement dt und setzen wir $\mathfrak{P}A = r$ und $AA_v = v$, so ist das Bogenelement, das der Punkt A in der Zeit dt beschreibt, gleich $r\,d\vartheta$, also

$$v = r\,\frac{d\vartheta}{dt}\;.$$

Hierbei ist $\dfrac{d\vartheta}{dt}$ gleich der Geschwindigkeit aller Systempunkte im Polabstande Eins; wir nennen sie die momentane Drehgeschwindigkeit oder Winkelgeschwindigkeit des Systems und bezeichnen sie im folgenden stets mit ω. Setzen wir noch $\angle\,A\,\mathfrak{P}A_v = \angle\,B\,\mathfrak{P}B_v = \cdots = \Theta$, so folgt

$$\omega = \frac{v}{r} = \mathrm{tg}\,\Theta\;.$$

Drehen wir in Abb. 13 die Geschwindigkeiten AA_v, BB_v . . . um die Punkte A, B . . . in gleichem Sinne durch einen rechten Winkel, so

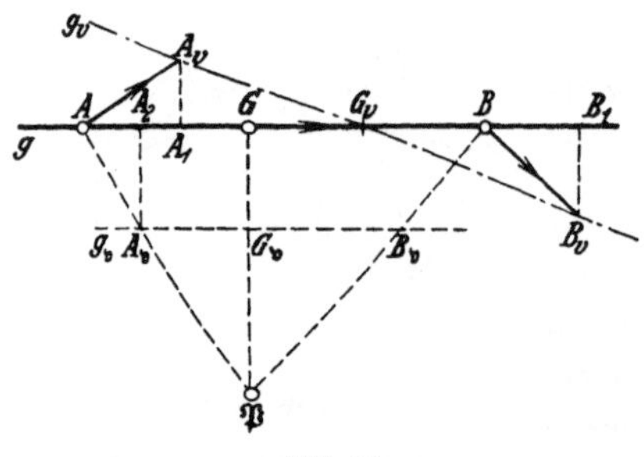

nennen wir die auf den Polstrahlen liegenden Strecken $AA_\mathfrak{v} = AA_v$, $BB_\mathfrak{v} = BB_v$ . . . die gedrehten oder die lotrechten Geschwindigkeiten der Punkte A, B . . . Dann verhält sich

$$AA_\mathfrak{v} : BB_\mathfrak{v} = \mathfrak{P}A : \mathfrak{P}B,$$

also ist $A_\mathfrak{v}B_\mathfrak{v}$ parallel zu AB. Das System $S_\mathfrak{v}$ der Endpunkte der gedrehten Geschwindig-

Abb. 14.

keiten ist folglich dem System S ähnlich in paralleler Lage, und der Pol $\mathfrak{P}$ ist der Ähnlichkeitspunkt beider Systeme.

Durch die Einführung der gedrehten Geschwindigkeiten wird die Konstruktion des „Geschwindigkeitsplans" für eine bestimmte Systemlage, wie Abb. 13 zeigt, vielfach erleichtert.

10. Die Geschwindigkeiten der Punkte einer bewegten Geraden. In Abb. 14 ist g die augenblickliche Lage einer Systemgeraden, $\mathfrak{P}$ der zugehörige Pol, $AA_v \perp \mathfrak{P}A$ die Geschwindigkeit eines Punktes A von g. Machen wir auf $\mathfrak{P}A$ die Strecke $AA_\mathfrak{v} = AA_v$, so liegen die Endpunkte der gedrehten Geschwindigkeiten aller Punkte von g auf der Parallelen $g_\mathfrak{v}$ zu dieser Geraden durch den Punkt $A_\mathfrak{v}$. Hierdurch ergibt sich z. B. zum Punkte B von g zuerst die gedrehte Geschwindigkeit $BB_\mathfrak{v}$ und dann die Geschwindigkeit $BB_v \perp$ und $= BB_\mathfrak{v}$. Das Lot von $\mathfrak{P}$ auf g liefert den Gleitpunkt G der Geraden; seine Geschwindigkeit GG_v fällt in g hinein und ist gleich dem Abstande $GG_\mathfrak{v}$ von g und $g_\mathfrak{v}$. — Die Punkte A_v, G_v, B_v . . . liegen nach dem ersten Satze des vorigen Artikels in einer Geraden g_v und bilden auf ihr eine Punktreihe, die zu AGB . . . ähnlich ist.

Fällen wir von A_v, $A_\mathfrak{v}$, B_v auf g bzw. die Lote $A_v A_1$, $A_\mathfrak{v} A_2$, $B_v B_1$, so ist $\triangle A A_v A_1 \cong \triangle A_\mathfrak{v} A A_2$, mithin $A A_1 = A_\mathfrak{v} A_2$, also gleich dem Abstande der Parallelen $g_\mathfrak{v}$ und g. Dann ist aber auch $B B_1$ gleich demselben Abstande, d. h. **die senkrechten Projektionen der Geschwindigkeiten aller Punkte einer Geraden auf diese Gerade sind von gleicher Größe und Richtung.** — Dieser Satz kann zur Bestimmung von $B B_v$ aus $A A_v$ benutzt werden, ohne zuvor die gedrehten Geschwindigkeiten zu konstruieren.

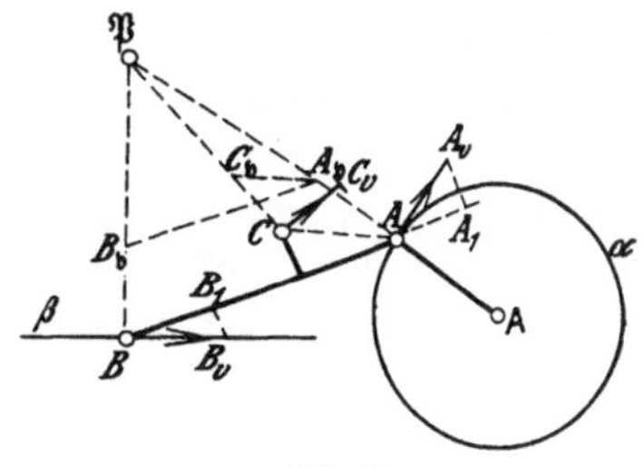
Abb. 15.

11. Anwendungen. I. Bei dem in Abb. 15 dargestellten **Schubkurbelgetriebe** rotiert die **Kurbel** AA um den festen Punkt A, und die mit ihr drehbar verbundene **Schubstange** AB verschiebt sich mit ihrem Endpunkte B auf der Geraden β; bekannt ist die Geschwindigkeit des **Kurbelzapfens** A, $A A_v \perp A$A. Dann findet man die Geschwindigkeit des **Kreuzkopfes** B am einfachsten mittels des Satzes von der Gleichheit der Projektionen der Geschwindigkeiten der Punkte A und B auf die Gerade AB. Soll außerdem für einen beliebigen Punkt C des durch A und B bestimmten starren Systems S die Geschwindigkeit konstruiert werden, so ermittelt man besser zuerst den Pol $\mathfrak{P}$ der betrachteten Systemlage als Schnittpunkt von AA mit dem Lot in B zu β und bedient sich dann der gedrehten Geschwindigkeiten.

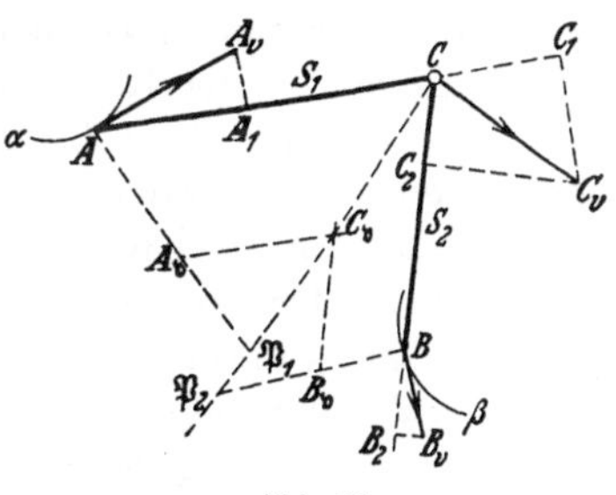
Abb. 16.

II. In Abb. 16 repräsentieren die starren Strecken AC und BC, die im Punkte C durch eine auf der Zeichenebene senkrecht stehende Achse drehbar verbunden sind und deren Endpunkte A und B auf den Kurven α und β geführt werden, ein bewegtes **Gelenk**. Sind $A A_v$ und $B B_v$ die augenblicklichen Geschwindigkeiten dieser Punkte, so erhalten wir die Geschwindigkeit $C C_v$ des Gelenkpunktes C mittels der senkrechten Projektionen $A A_1$ und $B B_2$ bzw. von $A A_v$ auf AC und von $B B_v$ auf BC. Dann sind die Projektionen von $C C_v$ auf dieselben Geraden bzw. gleich $A A_1$ und $B B_2$. — Eine zweite Lösung ergibt sich wieder mit Hilfe der gedrehten Geschwindigkeiten $A A_\mathfrak{v}$ und $B B_\mathfrak{v}$, denn der Endpunkt von $C C_\mathfrak{v}$ liegt sowohl auf der Parallelen durch $A_\mathfrak{v}$ zu AC als auch auf der Parallelen durch $B_\mathfrak{v}$ zu BC. Die Geraden $A A_\mathfrak{v}$ und $C C_\mathfrak{v}$ schneiden sich im momentanen Pol $\mathfrak{P}_1$ des durch die Gerade AC dargestellten starren Systems S_1, und ebenso treffen sich BB_b und CC_b im Pol $\mathfrak{P}_2$ des Systems S_2, das durch die Strecke BC bestimmt wird.

Die Polkurven.

12. Wir bezeichnen mit $S, S', S'', S''' \ldots$ eine Reihe diskreter — d. h. nicht unendlich benachbarter — Lagen eines starren ebenen Systems, das sich irgendwie in der festen Ebene Σ bewegt, mit $\mathfrak{P}, \mathfrak{Q}, \mathfrak{R} \ldots$ bzw. die in Σ liegenden Doppelpunkte oder Pole der Systemlagen S und S', S' und S'', S'' und S''' usw. (Abb. 17). Das System kann also aus der Anfangslage S durch eine Drehung um $\mathfrak{P}$ in die Lage S' gebracht werden, aus dieser nach S'' durch eine weitere Drehung um $\mathfrak{Q}$ usw. Verstehen wir unter P den Systempunkt, der sich in seiner Anfangslage, die wir gleichfalls mit P bezeichnen, und folglich auch in der Lage P' an der Stelle $\mathfrak{P}$ befindet, und sind $Q, R \ldots$ die Anfangslagen der Punkte, die in den Lagen Q' und Q'', R'' und $R''' \ldots$ bzw. mit $\mathfrak{Q}, \mathfrak{R} \ldots$ zusammenfallen, so ist die Strecke $PQ = P'Q'$, d. h. $= \mathfrak{P}\mathfrak{Q}$, ferner $QR = Q''R''$, d. h. $= \mathfrak{Q}\mathfrak{R}$ usw. Das starre Vieleck $PQR \ldots$ bewegt sich also während der aufeinanderfolgenden Drehungen des Systems in der Weise, daß seine Seiten sich mit den entsprechenden Seiten des festen Vielecks $\mathfrak{P}\mathfrak{Q}\mathfrak{R} \ldots$ der Reihe nach decken.

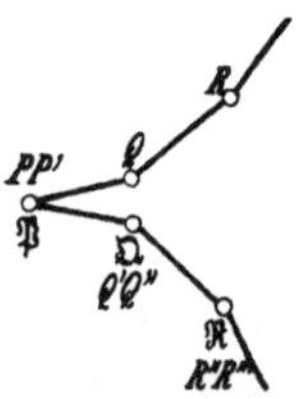

Abb. 17.

Lassen wir jetzt die betrachteten Systemlagen einander unendlich nahe rücken, so verwandeln sich die beiden Vielecke $PQR \ldots$ und $\mathfrak{P}\mathfrak{Q}\mathfrak{R} \ldots$ bzw. in zwei Kurven p und π, die sich momentan in $\mathfrak{P}$ berühren, weil der Drehungswinkel $Q\mathfrak{P}\mathfrak{Q}$ unendlich klein wird; sie repräsentieren eine Systemkurve und die zugehörige Hüllbahnkurve von der besonderen Beschaffenheit, daß der Berührungspunkt auf beiden Kurven während der Bewegung des Systems stets um dieselbe Bogenlänge fortschreitet. Man sagt deshalb: die Kurve p rollt auf der Kurve π. Wir nennen die Kurve p, also den geometrischen Ort aller Punkte der bewegten Ebene, die nach und nach zu Polen werden, die **bewegliche Polkurve (Gangpolbahn)** und die Kurve π, also den Ort der entsprechenden Punkte der festen Ebene, die **feste Polkurve (Rastpolbahn)**. Somit gelangen wir zu dem wichtigen Satz: **Die Bewegung eines starren ebenen Systems in seiner Ebene kann immer erzeugt werden durch das Rollen der in diesem System befindlichen Polkurve p auf der in der festen Ebene liegenden Polkurve π, und der jeweilige Berührungspunkt beider Kurven ist der momentane Pol**[1].

---

[1] Cauchy: Exercices de math. Bd. 2 (1827) S. 75. Vgl. auch das in der Anmerkung zu Art. 3 genannte Mémoire von Chasles, S. 236.

13. **Die Polkurve p ist die einzige Systemkurve, die bei der Bewegung des Systems beständig auf ihrer Hüllbahnkurve rollt.** Ist nämlich k eine beliebige Systemkurve in der Systemlage S, G ihr Berührungspunkt mit der Hüllbahnkurve $\varkappa$, also der Punkt von k, dessen Normale durch den momentanen Pol $\mathfrak{P}$ geht, so gelangen k und G im Zeitelement dt infolge einer Drehung um $\mathfrak{P}$ durch den unendlich kleinen Winkel $d\vartheta$ in die Lagen k' und G'; die Kurve k' berührt aber die Hüllbahnkurve nicht in G', sondern in dem unendlich benachbarten Punkte H', dessen Normale den Pol $\mathfrak{Q}$ der Systemlage S' enthält (Abb. 18). Dann besteht zwischen den Bogenelementen GH' und $G'H'$ der Kurven $\varkappa$ und k' — oder GH der Kurve k — und dem Kreisbogen GG', den der Punkt G um $\mathfrak{P}$ beschrieben hat, von unendlich kleinen Größen höherer Ordnung abgesehen, die Beziehung[1]

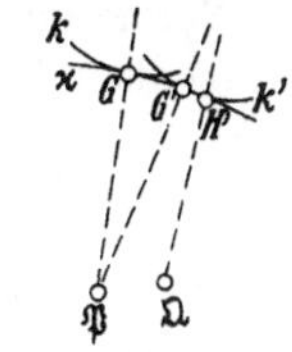

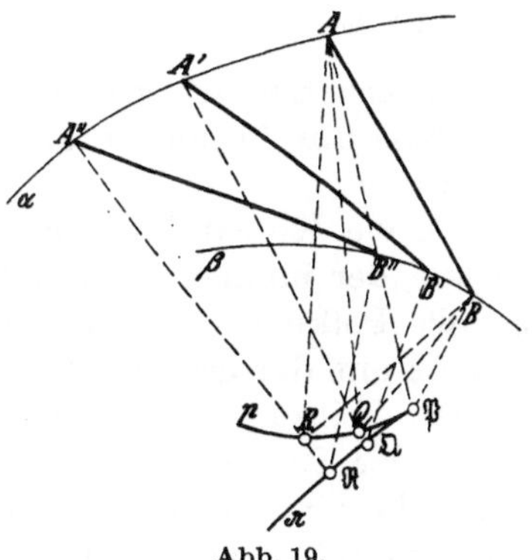

Abb. 18.

$$\widehat{GH'} - \widehat{G'H'} = \widehat{GG'} = \overline{\mathfrak{P}G} \cdot d\vartheta.$$

Die Bögen GH' und GH sind demnach einander gleich, wenn $\mathfrak{P}G = 0$ ist, d. h. wenn k durch $\mathfrak{P}$ geht. **Die Systemkurve rollt also momentan auf ihrer Hüllbahnkurve, wenn der Berührungspunkt beider Kurven der Pol ist.**

Soll nun die Kurve k fortwährend auf $\varkappa$ rollen, so muß sie alle Systempunkte enthalten, die nach und nach zu Polen werden, und dann ist sie mit der Polkurve p identisch.

14. Um die Polkurven zu konstruieren, wenn die Bewegung des Systems wie in Abb. 19 durch die Anfangslagen A und B zweier Punkte und deren Bahnkurven α und β gegeben ist, machen wir die Strecken $A'B'$, $A''B''$ ..., deren Endpunkte bzw. auf α und β liegen, gleich der Strecke AB. Die Schnittpunkte $\mathfrak{P}$, $\mathfrak{Q}$, $\mathfrak{R}$ ... der Normalen von α und β bzw. in A und B, A' und B', A'' und B'' ... sind die momentanen Pole der so definierten Systemlagen S, S', S'' ... und bilden die feste Polkurve π. — Zeichnen wir ferner über AB die Dreiecke

$$ABQ \cong A'B'\mathfrak{Q}$$
$$ABR \cong A''B''\mathfrak{R}$$
$$\cdot \ \cdot \ \cdot \ \cdot \ \cdot \ \cdot \ \cdot \ \cdot$$

Abb. 19.

<hr>

[1] Dividiert man in dieser Gleichung Glied für Glied durch dt, so erhält man eine Beziehung zwischen den Geschwindigkeiten, mit denen der Berührungspunkt G seine Lage auf den Kurven $\varkappa$ und k wechselt, und der Geschwindigkeit, die er als Systempunkt besitzt.

so sind $Q, R \ldots$ diejenigen Punkte von S, die bzw. mit $\mathfrak{Q}, \mathfrak{R} \ldots$ zusammenfallen, wenn AB nach $A'B', A''B'' \ldots$ gelangt. Die bewegliche Polkurve p geht demnach durch $\mathfrak{P}, Q, R \ldots$ und berührt π in $\mathfrak{P}$.

15. Sind umgekehrt die Polkurven π und p, die einander in $\mathfrak{P}$ berühren, in Abb. 20 gegeben und soll die Bahnkurve α konstruiert werden, die ein Systempunkt A beschreibt, so ermitteln wir z. B. die Lage A', in die der Punkt A gelangt, wenn der Punkt Q von p zum Pol wird. Dann fällt Q mit dem Punkte $\mathfrak{Q}$ von π zusammen, der durch die Bedingung $\overset{\frown}{\mathfrak{P}\mathfrak{Q}} = \overset{\frown}{\mathfrak{P}Q}$ bestimmt ist. In der neuen Lage decken sich die Normalen n und ν der beiden Polkurven bzw. in Q und $\mathfrak{Q}$, wir erhalten also A', indem wir $\angle \, \nu \mathfrak{Q} A' = \angle \, n Q A$ sowie $\mathfrak{Q} A' = Q A$ machen. — Da $\mathfrak{Q} A'$ die Normale von α in A' ist, so berührt der um $\mathfrak{Q}$ mit QA beschriebene Kreisbogen die Kurve α in A'. Statt also die Kurve punkt-

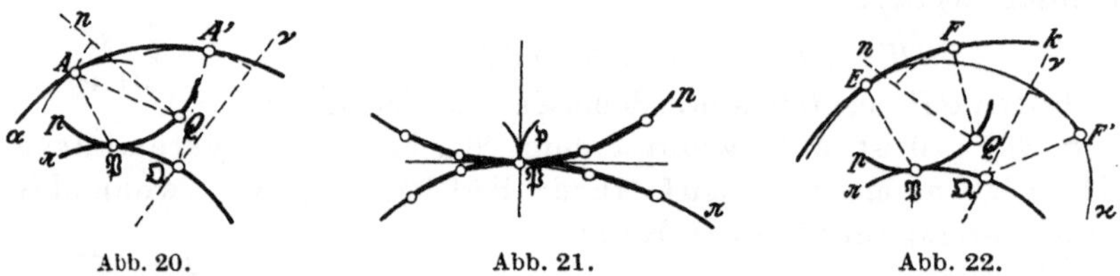

Abb. 20.
Abb. 21.
Abb. 22.

weise zu konstruieren, genügt es in vielen Fällen, sie nur als Einhüllende der Kreise um die Punkte $\mathfrak{P}, \mathfrak{Q} \ldots$ von π mit den Radien $\mathfrak{P}A, QA \ldots$ zu zeichnen.

Dieselbe Konstruktion gilt auch für die Bahnkurve $\mathfrak{p}$ des Systempunktes, der momentan mit $\mathfrak{P}$ zusammenfällt (Abb. 21). Ersetzen wir hier die Polkurven π und p wieder durch zwei aufeinander rollende Vielecke mit der gemeinsamen Ecke $\mathfrak{P}$ und mit sehr kleinen, paarweise gleichen Seiten, so erscheinen die beiden in $\mathfrak{P}$ zusammenstoßenden Zweige der Kurve $\mathfrak{p}$ in unmittelbarer Nähe dieses Punktes als Kreisbögen, die einen sehr kleinen Winkel bilden, um die beiderseits benachbarten Punkte von π. Beim Grenzübergang entsteht hieraus ein Rückkehrpunkt der Kurve $\mathfrak{p}$ an der Stelle $\mathfrak{P}$. Von gewissen Ausnahmefällen abgesehen[1] ergibt sich somit der Satz: **Der mit dem Pol zusammenfallende Systempunkt beschreibt augenblicklich einen Rückkehrpunkt seiner Bahn, dessen Tangente auf der Polkurventangente senkrecht steht.**

16. In Abb. 22 sind abermals die Polkurven π und p gegeben; zu einer Systemkurve, deren Anfangslage k ist, soll die Hüllbahnkurve $\varkappa$ konstruiert werden. Der Punkt E von k, dessen Normale durch den Pol $\mathfrak{P}$ geht, ist der momentane Gleitpunkt, also der Berührungspunkt von k mit $\varkappa$. Wir verstehen jetzt unter k' eine neue Lage von k, in der

---

[1] Vgl. Art. *56 und *57.

ein anderer Punkt der Kurve, z. B. F, zum Gleitpunkt wird. Schneidet die Normale von k in F die Polkurve p in Q und machen wir auf π den Bogen $\mathfrak{P}\mathfrak{Q}$ — angenähert — gleich dem Bogen $\mathfrak{P}Q$ von p, so kommen k und F in die Lagen k' und F', wenn Q mit $\mathfrak{Q}$ zusammenfällt. Dann decken sich wieder die Normalen n und ν von p und π in Q und $\mathfrak{Q}$, wir erhalten also den Punkt F' aus F in derselben Weise, wie in Abb. 20 den Punkt A' aus A. — Die Kurve $\varkappa$ berührt in F' den Kreis um $\mathfrak{Q}$ mit dem Radius QF.

Die Umkehrung der Bewegung.

17. Wenn wir die Ebene Σ, in der sich das System S bewegt, bisher als fest bezeichnet haben, so wollten wir damit nur ausdrücken, daß wir die Bewegung von Σ aus betrachten. Aber für einen Beobachter, der sich in der Ebene S befindet, erscheint umgekehrt diese als fest und Σ als beweglich. Beschreibt der Punkt A von S in Σ die Bahnkurve α, so gleitet, von S aus gesehen, die Kurve α beständig durch den festen Punkt A. Besitzt A augenblicklich die Geschwindigkeit v, so bewegt sich der mit A zusammenfallende Punkt von Σ in entgegengesetzter Richtung, und zwar mit der Geschwindigkeit $-v$. Für den in S befindlichen Beschauer vertauschen die Systemkurve k und deren Hüllbahnkurve $\varkappa$ ihre Bedeutung, so daß die verschiedenen Lagen der als beweglich erscheinenden Kurve $\varkappa$ die Kurve k umhüllen. Insbesondere rollt jetzt die Polkurve π auf der Polkurve p, wobei der Pol $\mathfrak{P}$ unverändert geblieben ist.

Die hier auftretende Wechselbeziehung zwischen zwei verschiedenen Bewegungsarten erweist sich als ein wichtiges Hilfsmittel der kinematischen Untersuchung, denn sie liefert, wenn die Gesetze einer bestimmten Bewegung bekannt sind, sofort auch die einer anderen[1]. Wir bezeichnen diese neue Bewegung als die Umkehrung der ersten.

Ist die ursprüngliche Bewegung von S in Σ, wie schon häufig angenommen wurde, durch die Bahnkurven α und β zweier Punkte A und B gegeben, so können wir die umgekehrte Bewegung dadurch erzeugen, daß wir die Ebene S festhalten und die Kurven α und β durch A und B gleiten lassen. Die Kurve f, die hierbei ein Punkt Φ von Σ in der Ebene S beschreibt, wird bei der ursprünglichen Bewegung erhalten, wenn wir im festen Punkte Φ einen Zeichenstift anbringen, über den die Ebene S beständig hinschleift.

In dem besonderen Fall, daß ein Punkt C von S in der festen Ebene einen Kreis vom Mittelpunkt Γ durchläuft, können wir die Strecke $C\Gamma$ durch ein starres Glied ersetzen, das in C mit S und in Γ mit Σ drehbar

---

[1] C h a s l e s : Aperçu historique sur l'origine et le développement des méthodes en géométrie, S. 408, Paris 1875.

verbunden ist; dann beschreibt also der Punkt Γ bei der umgekehrten Bewegung in S einen Kreis um C.

Wir geben im folgenden einige Beispiele für die Verwendung der Umkehrung der Bewegung.

18. Konstruktion der beweglichen Polkurve bei einem Kurbelgetriebe. Bei dem in Abb. 23 dargestellten Kurbelgetriebe mit dem festen Glied A B können wir die Polkurven nach der in Art. 14

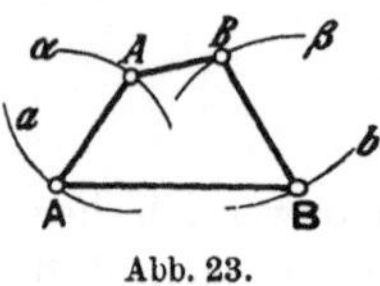

Abb. 23.

entwickelten Vorschrift konstruieren, indem wir zuerst beliebig viele Punkte der festen Kurve π und darauf die entsprechenden Punkte der beweglichen Kurve p ermitteln. Wenn es jedoch allein auf die letzte Kurve ankommt, so bedienen wir uns besser der Umkehrung der Bewegung. Wir betrachten also das Glied $A\,B$ als fest; dann beschreiben die Punkte A und B bzw. um A und B die Kreise a und b. Nun zeichnen wir eine Reihe von Lagen der jetzt als beweglich geltenden Strecke A B und bestimmen für diese die zugehörigen Pole.

19. Die elliptische Bewegung. Bewegen sich zwei Systempunkte A und B bzw. auf den Geraden α und β, die sich im Punkte M schneiden,

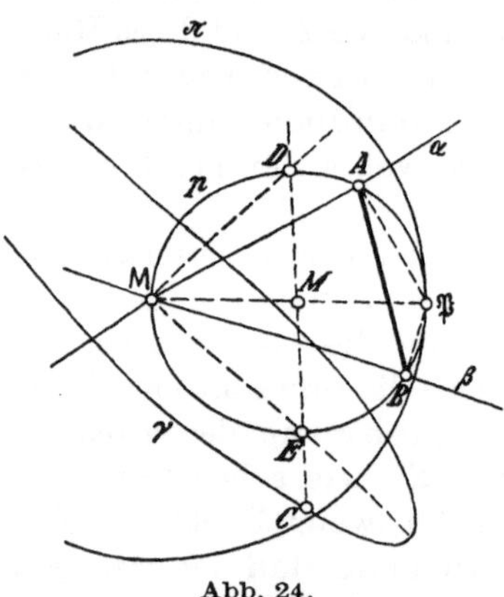

Abb. 24.

so ist der Pol der in Abb. 24 dargestellten Systemlage der Schnittpunkt $\mathfrak{P}$ der in A und B auf α und β errichteten Lote. Dann liegen die vier Punkte A, B, M und $\mathfrak{P}$ auf einem Kreise, der seinen Mittelpunkt M auf der Strecke M $\mathfrak{P}$ hat. Der Kreis der bewegten Ebene S, der augenblicklich mit ihm zusammenfällt, gleitet nach einem bekannten planimetrischen Satze beständig durch den Punkt M, während die Sehne $A\,B$ sich zwischen den Schenkeln des Winkels $\alpha\,\beta$ verschiebt. Das gilt auch noch, wenn sich die Strecke $A\,B$ innerhalb eines der drei andern von den Geraden α und β gebildeten Winkel befindet, und für jede Lage der Strecke treffen sich die in ihren Endpunkten zu α und β errichteten Lote auf dem mit ihr bewegten Kreise. Dieser Kreis ist also der geometrische Ort aller Punkte der Ebene S, die nacheinander zu Polen werden, d. h. die bewegliche Polkurve p. — In der festen Ebene Σ hat der Pol vom Punkte M die konstante Entfernung M$\mathfrak{P}$; die feste Polkurve π ist folglich der Kreis um M, der den Durchmesser von p zum Radius hat.

Jeder Punkt von p bewegt sich senkrecht zu seiner Verbindungslinie mit $\mathfrak{P}$, d. h. in einer durch M gehenden Geraden, er beschreibt

also hin- und hergehend einen Durchmesser des Kreises π. Bezeichnen
wir endlich mit C einen beliebigen Systempunkt, mit D und E die
Schnittpunkte der Geraden CM mit dem Kreise p, so kann die Bahnkurve γ von C auch dadurch erzeugt werden, daß die starre Gerade DC
sich mit den Punkten D und E auf den Schenkeln des rechten Winkels
DME bewegt. Das ist aber die sogenannte Papierstreifenkonstruktion
der Ellipse, die auch dem bekannten Ellipsenzirkel zugrunde liegt.
Die Kurve γ ist demnach eine Ellipse, deren Achsen in den Geraden
MD und ME liegen, und zwar sind die Längen der Halbachsen bzw.
gleich den Strecken CE und CD. Fällt der Punkt C mit M zusammen,
so verwandelt sich seine Bahnkurve in den Kreis um M. — Aus diesen
Darlegungen ergibt sich der Satz: **Bewegen sich zwei Punkte
eines starren ebenen Systems auf zwei festen Geraden, so
kann die Bewegung auch durch das Rollen eines Kreises
innerhalb eines doppelt so großen Krei-
ses erzeugt werden. Jeder Systempunkt
beschreibt eine Ellipse, die in einen
Durchmesser des festen Kreises ausartet,
wenn der Systempunkt auf dem rollenden Kreise liegt.**

Ganz dieselbe Bewegung wie in Abb. 24 entsteht auch, wenn irgend zwei Systemkreise k
und l, die bzw. A und B zu Mittelpunkten
haben, an den zu α und β parallelen Geraden $\varkappa$

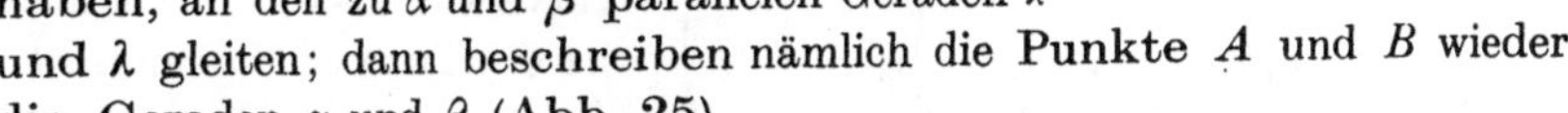

Abb. 25.

und λ gleiten; dann beschreiben nämlich die Punkte A und B wieder
die Geraden α und β (Abb. 25).

Die Erzeugung einer geradlinigen Bewegung durch das Rollen eines
Kreises innerhalb eines doppelt so großen Kreises findet sich schon
bei dem italienischen Mathematiker Cardano (1570). Sie wird als
eine hypozykloidische Geradführung bezeichnet[1], denn bei dieser
Art der Entstehung erweist sich die Ellipse, die ein beliebiger Punkt
der bewegten Ebene beschreibt, als eine spezielle Hypozykloide[2]. Die
beiden aufeinander rollenden Kreise werden vielfach Cardanische
Kreise genannt.

Die soeben behandelte Bewegung können wir endlich auch dadurch
hervorbringen, daß wir die Strecke ME der Abb. 24 mit dem Punkte M auf
einem Kreise um M, dessen Radius gleich ME ist, und mit dem Punkte E
auf einer durch M gehenden Geraden ε führen. Das geschieht praktisch
mittels einer Kurbel und eines in einem geradlinigen Schlitze verschieb-
baren Schlittens, mit denen die Stange ME in ihren Endpunkten dreh-

---

[1] Angewendet bei der Buchdruckerschnellpresse von König und Bauer.
[2] Vgl. Art. 67.

bar verbunden ist (Abb. 26). Verlängern wir ME über M hinaus um sich selbst, so beschreibt der neue Endpunkt D eine auf ε senkrechte Gerade δ, die durch M geht, und wir erhalten die bekannte **Gerad-führung durch das gleichschenklige Schubkurbelgetriebe**[1].

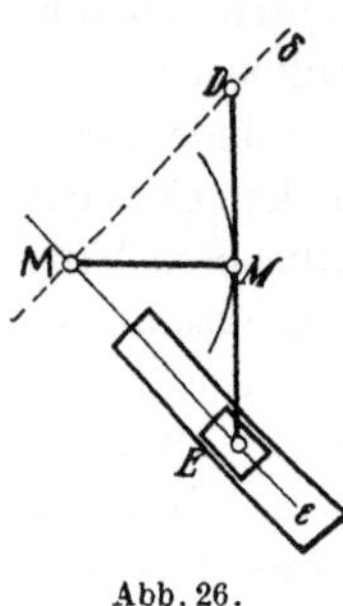

Abb. 26.

20. Die Umkehrung der elliptischen Bewe-gung. Betrachten wir in Abb. 24 die Ebene S als fest und die Ebene Σ als beweglich, so gleitet der Winkel $\alpha\beta$ mit seinen Schenkeln durch die festen Punkte A und B, und sein Scheitel M beschreibt den Kreis p; gleichzeitig gleiten die Geraden $\varkappa$ und λ der Abb. 25 an den Kreisen k und l. Dann rollt der Kreis π mit seiner inneren Seite auf dem Kreise p, und jede durch M gehende Gerade der Ebene Σ gleitet durch ihren Schnittpunkt mit p. Hiernach erhalten wir die Kurve f, die ein beliebiger Punkt Φ von Σ in der Ebene S beschreibt, wenn wir die Gerade MΦ, die p in G schneidet, mit dem Punkte M auf p führen, so daß sie beständig durch G geht — oder indem wir auf allen durch G gezogenen Strahlen von ihrem Schnitt-punkte mit p aus die Län-ge MΦ beiderseits abtragen (Abb. 27). Die so entstehende Kurve wird als eine **Pascal-sche Kurve** bezeichnet. Sie ist symmetrisch in bezug auf die Gerade MG. Liegt der Punkt Φ wie in Abb. 27 innerhalb des Kreises π, so schneidet der Kreis um G mit dem Radius MΦ den Kreis p in zwei Punkten M_1 und M_2. Kommt dann die Ge-rade MΦ, während sie durch G gleitet, in die Lage $M_1 G$

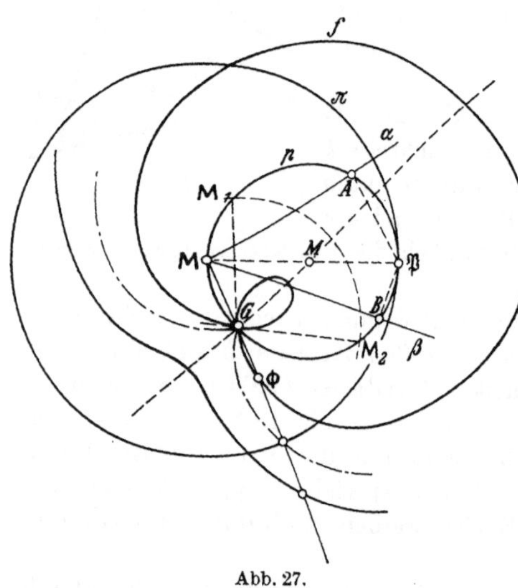

Abb. 27.

oder $M_2 G$, so fällt Φ mit G zusammen, G ist also ein Doppelpunkt der Kurve f, und $M_1 G$ und $M_2 G$ sind die zugehörigen Tangenten, da jede dieser Geraden in G drei zusammenfallende Punkte mit der Kurve gemein hat. — Befindet sich der Punkt Φ auf dem Kreise π, ist also die Strecke MΦ gleich dem Durchmesser von p, so zieht sich die Kurven-schleife in eine Spitze mit der Tangente MG zusammen, und dann

---

[1] Vgl. Art. 95.

verwandelt sich die Kurve f in eine Kardioide. Liegt endlich der Punkt Φ außerhalb des Kreises π, so ist G ein isolierter Punkt von f; zu ihm gehört keine reelle Lage der bewegten Geraden $M\Phi$.

Zusammenfassend können wir also sagen: **Gleiten zwei Geraden eines starren ebenen Systems durch zwei feste Punkte, so kann die Bewegung auch dadurch erzeugt werden, daß ein Kreis mit seiner inneren Seite auf einem halb so großen Kreise rollt. Dann beschreibt jeder Systempunkt im allgemeinen eine Pascalsche Kurve, insbesondere beschreiben die Punkte des rollenden Kreises Kardioiden.**

Denken wir uns in einem Punkte der festen Ebene S einen Zeichenstift angebracht, so beschreibt dieser in der bewegten Ebene Σ nach Art. 19 eine Ellipse. Darauf beruht das „Ovalwerk" von Leonardo da Vinci.

Zweites Kapitel.

Die Krümmungsmittelpunkte der Bahnen.

Metrische Beziehungen.

21. Im Anfang des ersten Kapitels führte die Betrachtung zweier unendlich benachbarten Lagen eines starren ebenen Systems zur Konstruktion der Normalen und Tangenten der augenblicklich durchlaufenen Bahn- und Hüllbahnstellen. Wir werden jetzt die Untersuchung der Momentanbewegung des Systems auf drei unendlich benachbarte Lagen und damit auf die Krümmung der erzeugten Kurven ausdehnen[1].

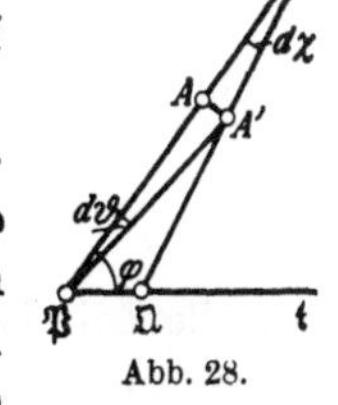
Abb. 28.

Angenommen, das System gelange aus seiner Anfangslage S in die unendlich benachbarte Lage S' infolge einer unendlich kleinen Drehung um den Pol $\mathfrak{P}$ durch den Winkel $d\vartheta$; dabei beschreibt der Systempunkt A als Element seiner Bahnkurve α einen unendlich kleinen Kreisbogen AA' um $\mathfrak{P}$ (Abb. 28). Bezeichnen wir ferner mit $\mathfrak{Q}$ den Doppelpunkt der Systemlage S' und der unendlich benachbarten Lage S'', so können wir $\mathfrak{P}A$ und $\mathfrak{Q}A'$ als die Normalen der Kurve α in A und A' betrachten, und dann ist ihr Schnittpunkt A der Krümmungsmittelpunkt von α in A. Wir setzen nun die Strecke $\mathfrak{P}A = r$, $\mathfrak{P}\mathsf{A} = \varrho$, den Winkel $A\,\mathfrak{P}\mathfrak{Q}$, den der Strahl $\mathfrak{P}A$ mit der Geraden $\mathfrak{P}\mathfrak{Q}$, d. h. mit

---

[1] Den methodischen Aufbau dieser Theorie gab **Aronhold**: Grundzüge der kinematischen Geometrie, Verhandlungen des Vereins zur Beförderung des Gewerbfleißes in Preußen, Jahrg. 51, 1872 S. 129 ff.

der gemeinsamen Tangente t der beiden Polkurven bildet, gleich φ, das Bogenelement $\mathfrak{P}\Omega$ der Polkurve π gleich $d\mathfrak{s}$ und den unendlich kleinen Winkel $\Omega A \mathfrak{P} = d\chi$. Drücken wir das Bogenelement $A A'$ von α einmal als Bogen des Krümmungskreises und dann als Kreisbogen um $\mathfrak{P}$ aus, so ergibt sich

$$(\varrho - r)d\chi = r\,d\vartheta.$$

Aus dem Dreieck $\mathfrak{P}\Omega A$ folgt aber nach dem Sinussatze

$$\frac{d\mathfrak{s}}{\varrho} = \frac{\sin d\chi}{\sin(\varphi + d\chi)} = \frac{d\chi}{\sin\varphi}.$$

Durch Einsetzen des hieraus sich ergebenden Wertes von $d\chi$ nimmt unsere erste Gleichung nach einfacher Rechnung die Form an

$$\left(\frac{1}{r} - \frac{1}{\varrho}\right)\sin\varphi = \frac{d\vartheta}{d\mathfrak{s}}. \tag{1}$$

Hier steht auf der rechten Seite eine der Systemlage S eigentümliche Konstante; setzen wir ihren reziproken Wert

$$\frac{d\mathfrak{s}}{d\vartheta} = \mathfrak{d}, \tag{2}$$

so bezeichnet $\mathfrak{d}$ eine gewisse Strecke, deren geometrische Bedeutung wir später erkennen werden[1]. **In der betrachteten Systemlage besteht demnach zwischen den Polarkoordinaten (r, φ) und (ϱ, φ) aller Systempunkte und der zugehörigen Krümmungsmittelpunkte die Beziehung**

$$\boxed{\left(\frac{1}{r} - \frac{1}{\varrho}\right)\sin\varphi = \frac{1}{\mathfrak{d}}}. \tag{3}$$

Schreiben wir Gleichung (2) in der Form

$$\mathfrak{d} = \frac{d\mathfrak{s}}{dt} : \frac{d\vartheta}{dt},$$

wo dt die Zeit bedeutet, in der das System aus der Lage S in die Lage S' gelangt, und setzen wir

$$\frac{d\mathfrak{s}}{dt} = \mathfrak{u}$$

und

$$\frac{d\vartheta}{dt} = \omega,$$

so ist ω nach Art. 9 die momentane **Winkelgeschwindigkeit** des Systems, und $\mathfrak{u}$ stellt die Geschwindigkeit dar, mit der der Pol seine Lage auf den beiden Polkurven ändert — man bezeichnet sie als die

---

[1] Art. 41.

momentane Rollgeschwindigkeit oder Polwechselgeschwindig-
keit des Systems. Dann wird durch die Gleichung

$$\mathfrak{b} = \frac{\mathfrak{u}}{\omega} \qquad (4)$$

die Konstante $\mathfrak{b}$ kinematisch definiert.

Die Gleichung (3) liefert zu jedem Systempunkte des durch den
Winkel φ bestimmten Polstrahles den Krümmungsmittelpunkt seiner
Bahnkurve in der Form

$$\varrho = \frac{\mathfrak{b}\,r\,\sin\varphi}{\mathfrak{b}\,\sin\varphi - r} \qquad (5)$$

und zu jedem Krümmungsmittelpunkt den zugehörigen Systempunkt
durch die Gleichung

$$r = \frac{\mathfrak{b}\,\varrho\,\sin\varphi}{\mathfrak{b}\,\sin\varphi + \varrho}\,. \qquad (6)$$

Dabei liegen die beiden einander entsprechenden Punkte auf derselben
Seite von $\mathfrak{P}$, wenn r und ϱ dasselbe Vorzeichen haben.

Bei der Ableitung dieser Formeln wurde stillschweigend vorausgesetzt, daß der Pol $\mathfrak{P}$ im Endlichen liegt und daß keine der unendlich
kleinen Größen $d\mathfrak{s}$ und $d\vartheta = 0$ ist, daß also weder $\mathfrak{u}$ noch ω verschwindet.
Außerdem wurde angenommen, daß der Punkt A nicht mit $\mathfrak{P}$ zusammen-
fällt; Gleichung (3) gilt also nicht ohne weiteres für den Krümmungsmittelpunkt der Bahnstelle, die der Pol als Systempunkt betrachtet
beschreibt. Ebenso wie zwei unendlich benachbarte Systemlagen in
diesem Falle nicht ausreichen, um die Tangente der Bahnkurve zu ermitteln, genügen drei solcher Lagen nicht zur Bestimmung des entsprechenden Krümmungsmittelpunktes[1].

*22. Dem Punkte B der bewegten Ebene, der mit dem Krümmungs-
mittelpunkte A der Bahn des Punktes A momentan zusammenfällt,
entspricht auf der Geraden $\mathfrak{P}A$ ein Krümmungsmittelpunkt B zufolge
der Gleichung

$$\left(\frac{1}{\mathfrak{P}\,B} - \frac{1}{\mathfrak{P}\,\mathsf{B}}\right)\sin\varphi = \frac{1}{\mathfrak{b}}$$

oder

$$\left(\frac{1}{\mathfrak{P}\,\mathsf{A}} - \frac{1}{\mathfrak{P}\,\mathsf{B}}\right)\sin\varphi = \frac{1}{\mathfrak{b}}\,.$$

Nach Gleichung (3) ist aber

$$\left(\frac{1}{\mathfrak{P}\,A} - \frac{1}{\mathfrak{P}\,\mathsf{A}}\right)\sin\varphi = \frac{1}{\mathfrak{b}}\,, \qquad (7)$$

---

[1] Näheres in Art. *56 und *57. Vgl. auch die auf den Systempunkt $\mathfrak{P}$
bezügliche Stelle des Art. 34.

und aus den beiden letzten Gleichungen ergibt sich

$$\frac{2}{\mathfrak{P}\mathsf{A}} = \frac{1}{\mathfrak{P}A} + \frac{1}{\mathfrak{P}\mathsf{B}};$$

d. h. $\mathfrak{P}\mathsf{A}$ ist das harmonische Mittel zu $\mathfrak{P}A$ und $\mathfrak{P}\mathsf{B}$, oder: die Punkte A und B werden durch $\mathfrak{P}$ und A harmonisch getrennt.

23. Bei der umgekehrten Bewegung dreht sich die Ebene Σ um den Pol $\mathfrak{P}$ in entgegengesetztem Sinne, also durch den Winkel $-d\vartheta$, in den früheren Formeln tritt daher $-\mathfrak{d}$ an die Stelle von $\mathfrak{d}$. Bedeutet demnach A_* den Krümmungsmittelpunkt der Bahnstelle, die der Punkt A in der Ebene S beschreibt, so ist

$$\left(\frac{1}{\mathfrak{P}\mathsf{A}} - \frac{1}{\mathfrak{P}A_*}\right)\sin\varphi = -\frac{1}{\mathfrak{d}}$$

oder

$$\left(\frac{1}{\mathfrak{P}A_*} - \frac{1}{\mathfrak{P}\mathsf{A}}\right)\sin\varphi = \frac{1}{\mathfrak{d}}.$$

Diese Beziehung zwischen A_* und A stimmt mit der für das Paar A, A geltenden Gleichung (7) überein, mithin fällt A_* mit dem Punkte A zusammen, dem in der Ebene Σ der Krümmungsmittelpunkt A entspricht. Dasselbe ergibt sich übrigens rein geometrisch aus der Schlußbemerkung des Art. 17; denn befinden sich drei unendlich benachbarte Lagen des Punktes A auf einem Kreise um A, so bleibt bei der umgekehrten Bewegung auch der Punkt A in seinen drei entsprechenden Lagen auf einem Kreise um A. Wenn also der Punkt A eine Bahnstelle vom Krümmungsmittelpunkt A beschreibt, so erzeugt bei der umgekehrten Bewegung der Punkt A eine Bahnstelle vom Krümmungsmittelpunkt A. Wegen dieser Wechselbeziehung, die sogleich noch in anderer Weise hervortreten wird, nennen wir A und A ein Paar entsprechender Krümmungsmittelpunkte.

24. Wir bezeichnen jetzt mit k die augenblickliche Lage einer Systemkurve, mit G den Punkt von k, dessen Normale durch den Pol $\mathfrak{P}$ geht, also den Gleitpunkt der Kurve, in dem sie ihre Hüllbahnkurve $\varkappa$ berührt (Abb. 29).

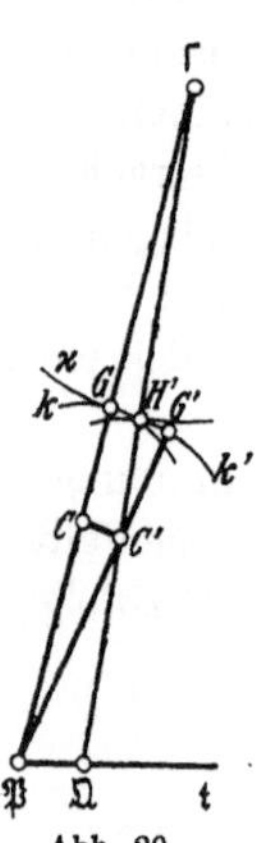

Abb. 29.

Auf $\mathfrak{P}G$ liegt der Krümmungsmittelpunkt C von k im Punkte G; wir suchen den zugehörigen Krümmungsmittelpunkt von $\varkappa$. Durch die unendlich kleine Drehung $d\vartheta$ um $\mathfrak{P}$ kommen k, G und C bzw. nach k', G' und C'; dann berührt k' die Kurve $\varkappa$ in demjenigen Punkte H', dessen Normale den Pol $\mathfrak{Q}$ der Systemlage S' enthält. Die Normale $\mathfrak{Q}H'$ geht aber durch den Krümmungsmittelpunkt C' von k', weil die Kurvenpunkte G' und H' einander unendlich nahe liegen. Demnach sind die Geraden $\mathfrak{P}C$ und $\mathfrak{Q}C'$ zwei unendlich nahe Normalen der Hüllbahnkurve $\varkappa$ in den Punkten G und H', sie schneiden sich also im Krümmungsmittelpunkte Γ von $\varkappa$. Dieselben Geraden sind auch die Normalen der Bahnkurve γ, die der Punkt C als Systempunkt beschreibt, in den Punkten C und C', folglich ist der Krümmungsmittelpunkt Γ von $\varkappa$ in G zugleich der Krümmungsmittelpunkt von γ in C. Wir erhalten daher den Satz: **Der Krümmungsmittelpunkt der von einer Systemkurve erzeugten Hüllbahnstelle fällt mit dem Krümmungsmittelpunkte der Bahnkurve zusammen, die der zugehörige Krümmungsmittelpunkt der Systemkurve beschreibt.**

Wenn aber Γ der Krümmungsmittelpunkt der Bahn des Punktes C ist, so bilden C und Γ nach der am Schluß des letzten Artikels gegebenen Erklärung ein Paar entsprechender Krümmungsmittelpunkte, und wir können deshalb ein solches Punktpaar auch definieren als die **Krümmungsmittelpunkte einer Systemkurve und ihrer Hüllbahnkurve im Berührungspunkt beider Kurven.**

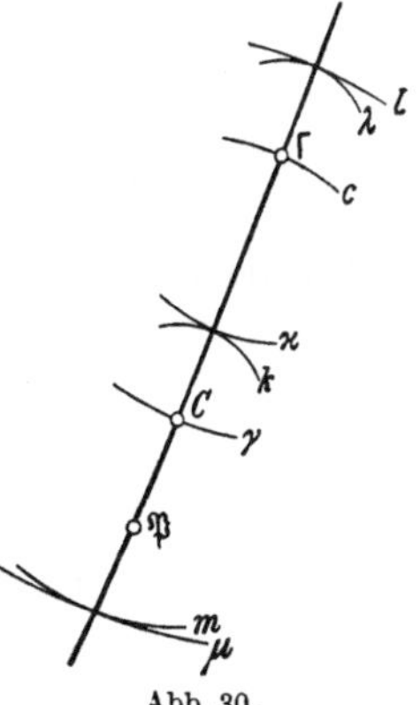

Aus dem vorhergehenden Satze ergibt sich weiter: **Jede Systemkurve, die ihre Hüllbahnkurve in irgendeinem Punkte der Geraden $C\Gamma$ berührt und die an dieser Stelle den Krümmungsmittelpunkt C hat, erzeugt eine Hüllbahnstelle mit dem Krümmungsmittelpunkt Γ.** In Abb. 30 sind C und Γ nicht nur die Krümmungsmittelpunkte von k und $\varkappa$, sondern auch der Kurven

Abb. 30.

l und λ, m und μ usw., von denen immer die zweite die Hüllbahnkurve der ersten ist; ferner ist C der Krümmungsmittelpunkt der Kurve c, die der Punkt Γ in der Ebene S beschreibt. — Bei der umgekehrten Bewegung umhüllen die Systemkurven, die Γ zum Krümmungsmittelpunkt haben, Kurven mit dem Krümmungsmittelpunkte C.

25. Für die Krümmungsmittelpunkte einer Systemkurve und ihrer Hüllbahnkurve im Berührungspunkte beider Kurven gilt nach den vorhergehenden Darlegungen jedesmal die in Art. 21 abgeleitete Gleichung (3). Sind A, A und B, B zwei solcher Paare entsprechender Krümmungsmittelpunkte mit den Koordinaten r, ϱ, φ und r', ϱ', φ', und bilden wir jene Gleichung für jedes einzelne Paar, so folgt sofort die Beziehung

$$\boxed{\left(\frac{1}{r} - \frac{1}{\varrho}\right)\sin\varphi = \left(\frac{1}{r'} - \frac{1}{\varrho'}\right)\sin\varphi'} \tag{8}$$

Aus ihr können wir schließen, daß, wenn für eine Systemlage die Pol-

kurventangente t und ein Paar entsprechender Krümmungsmittelpunkte
— und damit auch der Pol $\mathfrak{P}$ — bekannt sind, zu jedem andern Systempunkte der zugehörige Krümmungsmittelpunkt bestimmt ist. Wir
können daher auch sagen: Die Polkurventangente und ein Paar
entsprechender Krümmungsmittelpunkte bilden ein Äquivalent für drei unendlich benachbarte Systemlagen.

Die Krümmungsmittelpunkte M und M der Polkurven p und π im
Punkte $\mathfrak{P}$ repräsentieren ebenfalls ein Paar entsprechender Krümmungsmittelpunkte. Ersetzen wir in Gleichung (8) das Punktpaar B, B
durch die Punkte M und M, so wird $\varphi' = 90^0$, und dann verwandelt
sich (8) in die **Euler-Savarysche Gleichung**[1]

$$\boxed{\left(\frac{1}{r} - \frac{1}{\varrho}\right) \sin\varphi = \frac{1}{\mathfrak{P}M} - \frac{1}{\mathfrak{P}\mathsf{M}}} \tag{9}$$

Die Bobillierschen Konstruktionen.

26. Hilfssatz aus der Trigonometrie: Zieht man durch
den Punkt $\mathfrak{P}$ in der Ebene eines Winkels
vom Scheitel $\mathfrak{H}$ eine Gerade $\mathfrak{P}\mathfrak{G}$, die seine
Schenkel in A und A schneidet, so ist der Aus-
druck $\left(\dfrac{1}{\mathfrak{P}A} - \dfrac{1}{\mathfrak{P}\mathsf{A}}\right) \cdot \dfrac{1}{\sin\mathfrak{G}\mathfrak{P}\mathfrak{H}}$ konstant für alle
durch $\mathfrak{P}$ gehenden Geraden. Beweis. Aus Abb. 31
folgt

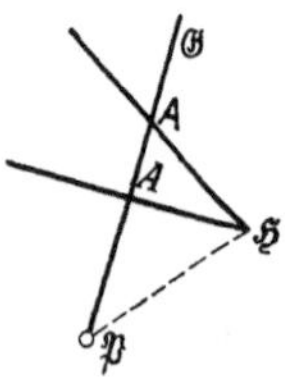

$$\triangle\mathfrak{H}\mathfrak{P}\mathsf{A} - \triangle\mathfrak{H}\mathfrak{P}A = \triangle\mathfrak{H}A\mathsf{A}$$

Abb. 31.   oder

$$\mathfrak{H}\mathfrak{P}\cdot\mathfrak{H}\mathsf{A}\sin\mathfrak{P}\mathfrak{H}\mathsf{A} - \mathfrak{H}\mathfrak{P}\cdot\mathfrak{H}A\sin\mathfrak{P}\mathfrak{H}A = \mathfrak{H}A\cdot\mathfrak{H}\mathsf{A}\sin A\mathfrak{H}\mathsf{A},$$

oder nach Division durch $\mathfrak{H}\mathfrak{P}\cdot\mathfrak{H}\mathsf{A}\cdot\mathfrak{H}A\cdot\sin\mathfrak{P}\mathfrak{H}\mathsf{A}\cdot\sin\mathfrak{P}\mathfrak{H}A$

$$\frac{1}{\mathfrak{H}A\sin\mathfrak{P}\mathfrak{H}A} - \frac{1}{\mathfrak{H}\mathsf{A}\sin\mathfrak{P}\mathfrak{H}\mathsf{A}} = \frac{\sin A\mathfrak{H}\mathsf{A}}{\mathfrak{H}\mathfrak{P}\cdot\sin\mathfrak{P}\mathfrak{H}A\cdot\sin\mathfrak{P}\mathfrak{H}\mathsf{A}} \; .$$

Hier ist aber der Nenner des ersten Bruchs gleich $\mathfrak{P}A\sin\mathfrak{G}\mathfrak{P}\mathfrak{H}$
und der des zweiten gleich $\mathfrak{P}\mathsf{A}\sin\mathfrak{G}\mathfrak{P}\mathfrak{H}$, die linke Seite ist also
gleich $\left(\dfrac{1}{\mathfrak{P}A} - \dfrac{1}{\mathfrak{P}\mathsf{A}}\right) \cdot \dfrac{1}{\sin\mathfrak{G}\mathfrak{P}\mathfrak{H}}$, und der rechts stehende Ausdruck ist
unabhängig von der Richtung der durch $\mathfrak{P}$ gezogenen Geraden.

27. Wir stellen uns nunmehr die Aufgabe: Aus zwei Paaren entsprechender Krümmungsmittelpunkte A, A und B, B, die
nicht in derselben Geraden liegen, die gemeinsame Tan-

---

[1] Euler: Novi Comm. Acad. Petrop. Bd. 21 (1765) S. 207; viel später
wiedergefunden und benutzt von Savary.

gente t der Polkurven zu konstruieren (Abb. 32). Die Geraden
AA und BB treffen sich im momentanen Pole $\mathfrak{P}$. Verbinden wir $\mathfrak{P}$
mit dem Schnittpunkte $\mathfrak{H}$ von $A B$ und AB, so erhalten wir t, indem
wir den Winkel $A\,\mathfrak{P}$t dem Winkel $B\,\mathfrak{P}\,\mathfrak{H}$ entgegengesetzt gleich machen. Setzen wir näm-
lich $\mathfrak{P}A = r$, $\mathfrak{P}$A $= \varrho$, $\mathfrak{P} B = r'$, $\mathfrak{P}$B $= \varrho'$,
$\angle B\,\mathfrak{P}\,\mathfrak{H} = \varphi$ und $\angle A\,\mathfrak{P}\,\mathfrak{H} = \varphi'$, so ist nach
dem eben bewiesenen Hilfssatz

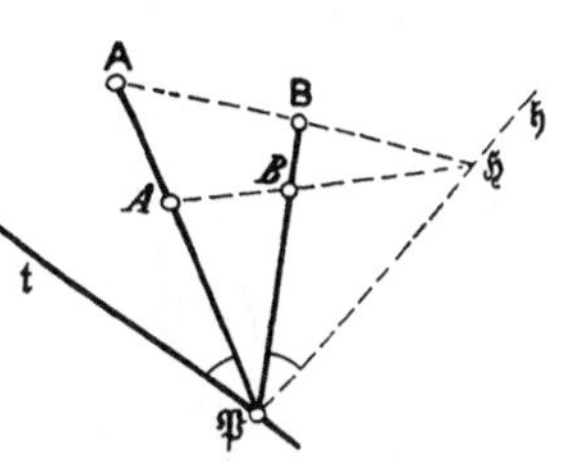

$$\left(\frac{1}{r} - \frac{1}{\varrho}\right)\cdot\frac{1}{\sin\varphi'} = \left(\frac{1}{r'} - \frac{1}{\varrho'}\right)\cdot\frac{1}{\sin\varphi}.$$

Nach Konstruktion ist aber auch $\angle A\,\mathfrak{P}$t $= \varphi$,

Abb. 32.

mithin $\angle B\,\mathfrak{P}$t $= \varphi'$; die Gerade t genügt also
der Gleichung (8) des Art. 25, sie ist folglich die gesuchte Polkurventangente.

Die Abb. 32 enthält auch die Lösung der Aufgabe: Aus der Polkurventangente t und einem Paar entsprechender Krümmungsmittelpunkte A, A zu einem andern Punkte B den zugehörigen Krümmungsmittelpunkt B zu konstruieren. Machen
wir nämlich umgekehrt den Winkel $B\,\mathfrak{P}\,\mathfrak{h}$ entgegengesetzt gleich dem
Winkel $A\,\mathfrak{P}$t und bezeichnen mit $\mathfrak{H}$ den Schnittpunkt der Geraden $A B$
und $\mathfrak{h}$, so trifft die Verbindungslinie von A mit $\mathfrak{H}$ den Polstrahl $\mathfrak{P}B$ in B.

28. In Abb. 33 sind abermals zwei Paare entsprechender
Krümmungsmittelpunkte A, A und B, B, die nicht in derselben Geraden liegen, gegeben; zu einem dritten Punkte C
soll der entsprechende Krümmungsmittelpunkt Γ konstruiert werden. Wir ermitteln zunächst wieder den Pol $\mathfrak{P}$ und verbinden
ihn mit dem Schnittpunkte $\mathfrak{H}$ der Geraden $A B$ und AB. Würden wir
dann die Winkel $A\,\mathfrak{P}$t und $B\,\mathfrak{P}\,\mathfrak{H}$ entgegengesetzt gleich machen, so wäre t die Pol-
kurventangente, und wir könnten den zu C
gehörigen Krümmungsmittelpunkt Γ aus t
und dem Punktpaar A, A in derselben Weise
konstruieren wie in der zuletzt behandelten
Aufgabe zum Punkte B den Krümmungsmittelpunkt B. Wir müßten also den Winkel
$A\,\mathfrak{P}$t in $\mathfrak{P}$ an die Gerade $\mathfrak{P}C$ nach der entgegengesetzten Seite antragen — das erreichen
wir aber kürzer, nämlich ohne Konstruktion

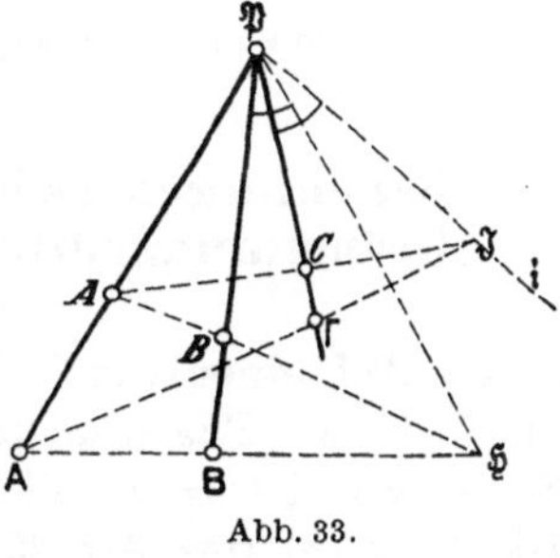

Abb. 33.

der Polkurventangente t, wenn wir die Winkel $B\,\mathfrak{P}\,\mathfrak{H}$ und $C\,\mathfrak{P}$i einander
gleichsinnig gleich machen. Ziehen wir dann $A C$ bis $\mathfrak{J}$ auf i, so
schneidet A$\mathfrak{J}$ den Polstrahl $\mathfrak{P}C$ im Punkte Γ. — Die so entstandene
Figur kann auch gedeutet werden als die Konstruktion des Krüm-

mungsmittelpunktes der Koppelkurve, die der Punkt C in Verbindung mit dem Kurbelgetriebe A B B A beschreibt[1].

29. Sonderfälle der Bobillierschen Konstruktionen. I. Liegen die Punktepaare A, A und B, B der vorigen Aufgabe auf parallelen Geraden, ist also der Pol $\mathfrak{P}$ unendlich fern, und soll wieder zum Punkte C der entsprechende Krümmungsmittelpunkt $\mathsf{\Gamma}$ bestimmt werden, so treten an Stelle der gleichsinnig gleichen Winkel $B\mathfrak{P}\mathfrak{H}$ und $C\mathfrak{P}\mathfrak{J}$ der Abb. 33 zwei gleich breite Parallelstreifen. Ziehen wir daher in Abb. 34 $C\mathfrak{L}\|B\mathsf{B}$ bis zur Geraden $\mathsf{A}\,\mathsf{B}$, machen auf dieser die Strecke $\mathfrak{L}\,\mathfrak{M}$ nach Länge und Richtung

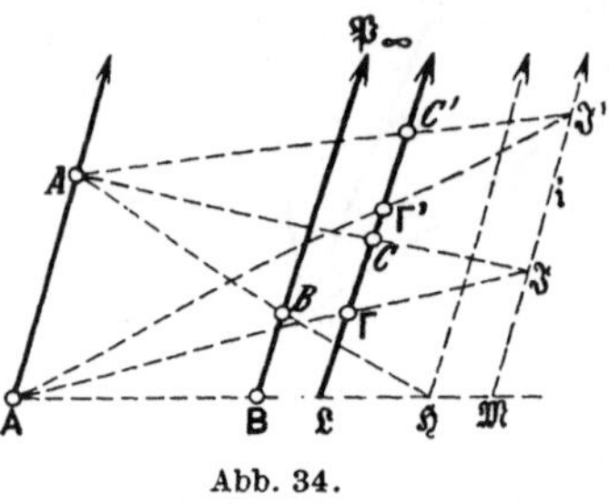

Abb. 34.

gleich $B\mathfrak{H}$ und ziehen durch $\mathfrak{M}$ die Gerade i parallel zu $B\,B$, so schneiden sich $A\,C$ und $\mathsf{A}\,\mathsf{\Gamma}$ auf i.

Für irgendeinen andern Punkt C' der Geraden $C\mathfrak{L}$ ergibt sich in derselben Weise der Krümmungsmittelpunkt $\mathsf{\Gamma}'$, und dann erkennt man sofort, daß $C'\mathsf{\Gamma}'=C\mathsf{\Gamma}$ ist; in diesem Falle beschreiben also alle Systempunkte, die auf demselben Polstrahl liegen, Bahnstellen mit gleichem Krümmungsradius.

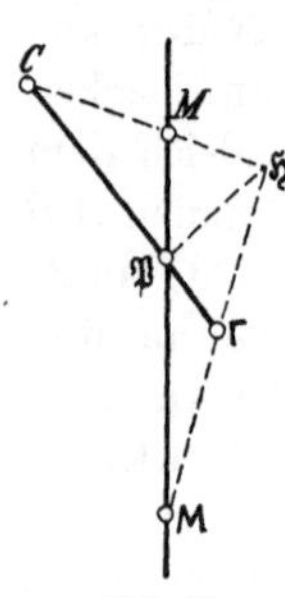

Abb. 35.

II. Konstruktion des Krümmungsmittelpunktes $\mathsf{\Gamma}$ zu einem Punkte C, wenn die Krümmungsmittelpunkte M und M der beiden Polkurven im Punkte $\mathfrak{P}$ gegeben sind (Abb. 35). Die Lösung folgt aus der letzten in Art. 27 behandelten Aufgabe, wenn dort der Winkel $A\mathfrak{P}\mathfrak{t}$ ein rechter ist. Wir ziehen also $\mathfrak{P}\mathfrak{H}\perp\mathfrak{P}C$ bis zum Schnittpunkte $\mathfrak{H}$ mit CM; dann trifft $\mathsf{M}\mathfrak{H}$ den Polstrahl $\mathfrak{P}C$ im Punkte $\mathsf{\Gamma}$.

Beziehungen zwischen den Paaren entsprechender Krümmungsmittelpunkte auf einer durch den Pol gehenden Geraden.

30. Auf einer durch den Pol $\mathfrak{P}$ gehenden Geraden $\mathfrak{g}$ seien C, $\mathsf{\Gamma}$ und C', $\mathsf{\Gamma}'$ zwei Paare entsprechender Krümmungsmittelpunkte (Abb. 36). Setzen wir $\mathfrak{P}C=r$, $\mathfrak{P}\mathsf{\Gamma}=\varrho$, $\mathfrak{P}C'=r'$, $\mathfrak{P}\mathsf{\Gamma}'=\varrho'$, so folgt aus der Gleichung (8) des Art. 25

$$\frac{1}{r}-\frac{1}{\varrho}=\frac{1}{r'}-\frac{1}{\varrho'}. \tag{10}$$

---

[1] Die in Art. 27 und 28 behandelten Konstruktionen wurden zuerst von Bobillier in seinem Cours de géométrie (1870) S. 232 abgeleitet.

Aus r, ϱ und r' läßt sich demnach ϱ' berechnen, d. h.: Sind auf der Geraden g der Pol $\mathfrak{P}$ und ein Paar entsprechender Krümmungsmittelpunkte C, Γ gegeben, so ist zu jedem anderen Punkte C' dieser Geraden der entsprechende Krümmungsmittelpunkt Γ' bestimmt — also unabhängig von dem zweiten Punktpaar, das auf einem andern Polstrahl noch gegeben sein müßte, um für die ganze Ebene die Paare entsprechender Krümmungsmittelpunkte festzulegen. Um daher aus $\mathfrak{P}, C, \Gamma$ und C' den Punkt Γ' zu ermitteln, dürfen wir auf einer durch $\mathfrak{P}$ gezogenen Geraden das Punktpaar A, A beliebig annehmen; im übrigen verfahren wir nach der in Art. 28 abgeleiteten Regel: Da die Polstrahlen $\mathfrak{P}B$ und $\mathfrak{P}C$ der Abb. 33 und folglich auch die Geraden $\mathfrak{P}\mathfrak{H}$ und $\mathfrak{P}\mathfrak{J}$ miteinander zusammenfallen, so ziehen wir von $\mathfrak{P}$ nach dem Schnittpunkte $\mathfrak{H}$ von AC und $\mathsf{A}\Gamma$ die Gerade $\mathfrak{h}$ und ermitteln ihren Schnittpunkt $\mathfrak{H}'$ mit AC'; dann trifft $\mathsf{A}\mathfrak{H}'$ die Gerade g im Punkte Γ'.

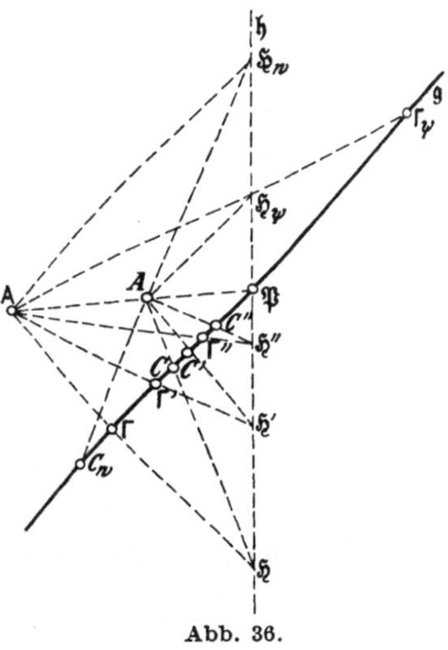
Abb. 36.

Die Geraden, die irgendeinen Punkt von $\mathfrak{h}$ mit A und A verbinden, bestimmen auf g jedesmal ein neues Paar entsprechender Krümmungsmittelpunkte, und so entstehen auf g die Punktreihen $CC'C'' \ldots$ und $\Gamma\Gamma'\Gamma'' \ldots$, in denen der Punkt $\mathfrak{P}$ — und nur dieser — sich selbst entspricht. Daraus darf aber nicht geschlossen werden, daß der Systempunkt $\mathfrak{P}$ momentan eine Bahnstelle beschreibt, deren Krümmungsmittelpunkt auf alle Fälle mit $\mathfrak{P}$ identisch ist[1].

*31. Die Punktreihen $CC'C'' \ldots$ und $\Gamma\Gamma'\Gamma'' \ldots$ sind perspektiv zu der Punktreihe $\mathfrak{H}\mathfrak{H}'\mathfrak{H}'' \ldots$, sie sind also einander projektiv. Nun besitzen bekanntlich zwei projektive Punktreihen, die ineinanderliegen, im allgemeinen zwei reelle oder konjugiert imaginäre Doppelpunkte, die hier erhaltenen Punktreihen haben jedoch die besondere Eigenschaft, daß ihre Doppelpunkte in $\mathfrak{P}$ zusammenfallen. Wir gelangen somit zu dem Satz: In jeder durch den Pol gehenden Geraden bilden die Paare entsprechender Krümmungsmittelpunkte zwei projektive Punktreihen, deren Doppelpunkte im Pol vereinigt sind.

32. In der Punktreihe $CC'C'' \ldots$ gibt es einen Punkt — er heiße einstweilen C_w — dem als sein Γ_w der unendlich ferne Punkt der Ge-

---

[1] Vgl. die Bemerkung am Schluß des Art. 21, sowie in Art. 34.

raden $\mathfrak{g}$ entspricht. Wir finden ihn, indem wir $A\mathfrak{H}_w \parallel \mathfrak{g}$ bis $\mathfrak{h}$ ziehen; dann schneidet $A\mathfrak{H}_w$ die Gerade $\mathfrak{g}$ in C_w. Der Systempunkt C_w beschreibt momentan eine Bahnstelle mit unendlich großem Krümmungsradius, im allgemeinen also einen **Wendepunkt** seiner Bahn, und jede Systemkurve, deren Gleitpunkt auf $\mathfrak{g}$ liegt und die an dieser Stelle den Krümmungsmittelpunkt C_w hat, erzeugt eine Hüllbahnstelle von unendlich großem Krümmungsradius.

Umgekehrt entspricht dem unendlich fernen Punkt der Punktreihe $CC'C''\ldots$ ein Krümmungsmittelpunkt, den wir mit Γ_ψ bezeichnen wollen; er ergibt sich, indem wir $A\mathfrak{H}_\psi \parallel \mathfrak{g}$ bis $\mathfrak{h}$ und $A\mathfrak{H}_\psi$ bis $\mathfrak{g}$ ziehen. Dann gehört zu jeder Hüllbahnkurve mit Γ_ψ als Krümmungsmittelpunkt eine Systemkurve, die im zugehörigen Gleitpunkt einen unendlich großen Krümmungsradius hat, und bei der umgekehrten Bewegung beschreibt der Punkt Γ_ψ eine Bahnstelle mit unendlich fernem Krümmungsmittelpunkt.

Wir nennen C_w und Γ_ψ die **Gegenpunkte** der Punktreihen $CC'C''\ldots$ und $\Gamma\Gamma'\Gamma''\ldots$

Aus Gleichung (10) in Art. 30 folgt für $\varrho' = \infty$

$$\frac{1}{r} - \frac{1}{\varrho} = \frac{1}{\mathfrak{P}C_w} \tag{11}$$

und für $r' = \infty$

$$\frac{1}{r} - \frac{1}{\varrho} = -\frac{1}{\mathfrak{P}\Gamma_\psi} \; ;$$

demnach ist $\mathfrak{P}\Gamma_\psi = -\mathfrak{P}C_w$, d. h. **die beiden Gegenpunkte liegen in gleichen Abständen auf beiden Seiten des Poles.**

33. Schreiben wir Gleichung (11) des vorhergehenden Artikels in der Form

$$\frac{1}{\mathfrak{P}C_w} = \frac{1}{\mathfrak{P}C} - \frac{1}{\mathfrak{P}\Gamma} ,$$

so ergibt sich

$$\mathfrak{P}C_w = \frac{\mathfrak{P}C \cdot \mathfrak{P}\Gamma}{C\Gamma} ,$$

mithin

$$CC_w = \mathfrak{P}C_w - \mathfrak{P}C = \frac{\mathfrak{P}C}{C\Gamma}(\mathfrak{P}\Gamma - C\Gamma) = \frac{\mathfrak{P}C^2}{C\Gamma}$$

oder

$$C\mathfrak{P}^2 = C\Gamma \cdot CC_w . \tag{12}$$

Daraus erhalten wir die folgende einfache Konstruktion des Punktes C_w aus $\mathfrak{P}$ und dem Punktpaar C, Γ mit Hilfe eines wechselnden Parallelenzuges (Abb. 37). Wir legen durch Γ und $\mathfrak{P}$ in beliebiger Richtung zwei Parallelen, die eine durch C beliebig gezogene

Gerade bzw. in $\mathfrak{H}$ und $\mathfrak{J}$ schneiden, und darauf durch $\mathfrak{J}$ die Gerade $\mathfrak{J}\,C_w \parallel \mathfrak{P}\mathfrak{H}$. Dann verhält sich

$$\frac{C\,C_w}{C\,\mathfrak{P}} = \frac{C\,\mathfrak{J}}{C\,\mathfrak{H}} = \frac{C\,\mathfrak{P}}{C\,\Gamma},$$

also ist $C\,C_w \cdot C\,\Gamma = C\,\mathfrak{P}^2$, übereinstimmend mit Gleichung (12).

Soll statt des Punktes C_w der Punkt Γ_ψ aus $\mathfrak{P}$, C und Γ direkt konstruiert werden, so ergibt sich aus der eben entwickelten Regel durch Vertauschung der Buchstaben C und Γ die Vorschrift: Man ziehe durch C und $\mathfrak{P}$ in beliebiger Richtung zwei Parallelen, die eine durch Γ gehende Gerade bzw. in $\mathfrak{H}$ und $\mathfrak{J}'$ treffen; dann ist $\mathfrak{J}'\Gamma_\psi \parallel \mathfrak{P}\mathfrak{H}$.

34. Unter allen durch den Pol $\mathfrak{P}$ gehenden Geraden nimmt die Polkurventangente t eine besondere Stellung ein. Setzen wir nämlich in der Gleichung (5) des Art. 21 $\varphi = 0$, so verschwindet ϱ für jeden Wert

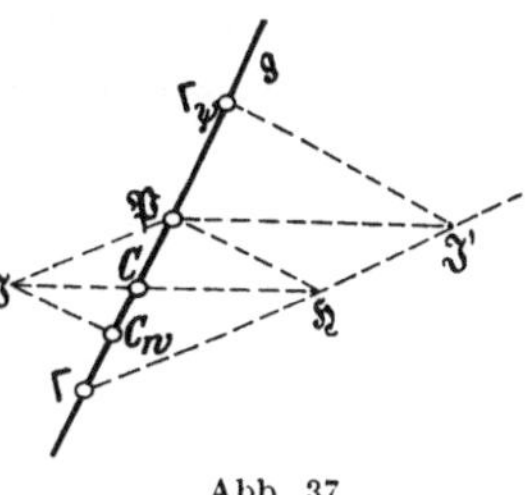

Abb. 37.

von r, d. h.: Jeder Punkt der Polkurventangente beschreibt eine Bahnstelle, die den Pol zum Krümmungsmittelpunkt hat. Dasselbe ergibt sich auch rein geometrisch, wenn in Abb. 28 der Punkt A auf der Geraden t liegt. Dann schneiden sich die Bahnnormalen $\mathfrak{P}A$ und $\mathfrak{Q}A'$ im Punkte $\mathfrak{Q}$, der beim Grenzübergang mit $\mathfrak{P}$ zusammenfällt.

Dem soeben erhaltenen Satze begegnen wir z. B. beim Kurbelgetriebe, wenn der Arm $A\,A$ auf das feste Glied $A\,B$ oder in dessen Verlängerung fällt

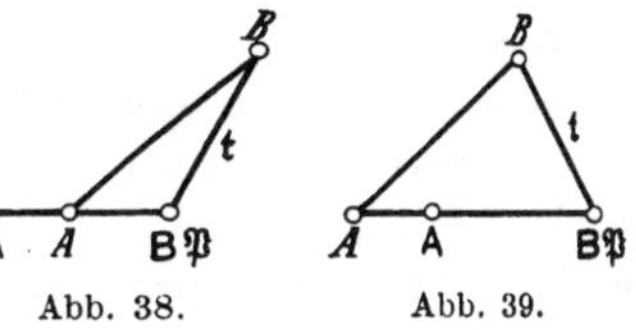

Abb. 38.   Abb. 39.

(Abb. 38 und 39). Dann ist B der Pol der Koppellage $A\,B$, und bei der Bobillierschen Konstruktion[1] deckt sich jetzt die Gerade t mit dem Arm BB. Dem Punkte B dieser Geraden entspricht also in der Tat der Pol als Krümmungsmittelpunkt seiner Bahnkurve.

Aus der Gleichung (6) des Art. 21 folgt ferner, wenn $\varphi = 0$ ist, für jedes beliebige ϱ der Wert $r = 0$. Hiernach wäre dem Systempunkte $\mathfrak{P}$ jeder Punkt der Geraden t als Krümmungsmittelpunkt zugeordnet, und das stimmt überein mit der schon am Schluß des Art. 21 erwähnten Tatsache, daß drei unendlich benachbarte Systemlagen nicht ausreichen, um für diesen Systempunkt den Krümmungsmittelpunkt seiner Bahnkurve zu bestimmen. Denn von seinen drei entsprechenden Lagen sind zwei mit dem Punkte $\mathfrak{P}$ identisch, und die dritte befindet sich

---

[1] Art. 27.

auf der Normalen in $\mathfrak{P}$ zu $\mathfrak{t}$ in einem Abstande von $\mathfrak{P}$, der von der zweiten Ordnung unendlich klein ist. Wir können deshalb jeden Punkt von $\mathfrak{t}$ als den Mittelpunkt eines Kreises betrachten, der drei unendlich benachbarte Lagen des Systempunktes $\mathfrak{P}$ enthält[1].

Dieselben Betrachtungen gelten auch für die umgekehrte Bewegung.

*35. Der in Art. *31 abgeleitete Satz führt zur Lösung der sowohl theoretisch wie auch praktisch wichtigen Aufgabe: Aus zwei Paaren entsprechender Krümmungsmittelpunkte, die in derselben Geraden liegen, die Lage des Pols zu ermitteln. Der gesuchte Pol ist nämlich der Doppelpunkt zweier projektiven Punktreihen, die durch die beiden Punktpaare und durch die Bedingung bestimmt

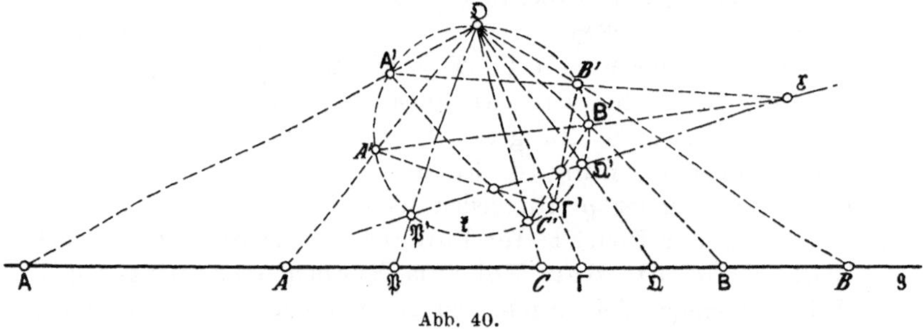

Abb. 40.

sind, daß die Doppelpunkte der Punktreihen miteinander zusammenfallen sollen.

Gehen wir von dem allgemeinen Fall aus, daß in der Geraden g zwei projektive Punktreihen durch drei beliebige Paare entsprechender Punkte A, A; B, B; C, Γ gegeben sind, so erhalten wir ihre Doppelpunkte, wie in der projektiven Geometrie gelehrt wird, durch folgende Konstruktion (Abb. 40): Wir zeichnen irgendeinen Kreis $\mathfrak{k}$, ziehen aus einem beliebigen Punkte $\mathfrak{O}$ auf ihm nach den gegebenen Punkten Strahlen und ermitteln ihre Schnittpunkte A', A', B', B', C', Γ' mit $\mathfrak{k}$. Dann liegen die drei Schnittpunkte der Geradenpaare A'B' und B'A', A'Γ' und C'A', B'Γ' und C'B' in einer Geraden $\mathfrak{x}$; trifft diese den Kreis $\mathfrak{k}$ in $\mathfrak{P}'$ und $\mathfrak{O}'$, so bestimmen die Strahlen $\mathfrak{O}\,\mathfrak{P}'$ und $\mathfrak{O}\mathfrak{O}'$ auf g die Doppelpunkte $\mathfrak{P}$ und $\mathfrak{O}$ der Punktreihen.

Wenn es sich nun um projektive Punktreihen von der besonderen Beschaffenheit der Reihen entsprechender Krümmungsmittelpunkte handelt, so fallen die Punkte $\mathfrak{P}$ und $\mathfrak{O}$ miteinander zusammen, die Gerade $\mathfrak{x}$ wird also zu einer Tangente des Kreises $\mathfrak{k}$. Dann dürfen aber statt der drei ursprünglich gegebenen Punktpaare nur noch deren zwei, etwa A, A und B, B, willkürlich angenommen werden. Auf diesen

---

[1] Vgl. auch den letzten Absatz des Art. 21.

Sonderfall bezieht sich Abb. 41. Hier gehen aus dem Schnittpunkte $\mathfrak{U}$ der Verbindungslinien $A'\mathsf{B}'$ und $B'\mathsf{A}'$ an den Kreis $\mathfrak{k}$ zwei Tangenten $\mathfrak{x}_1$ und $\mathfrak{x}_2$, die unter Umständen auch imaginär sein könnten, und ihren Berührungspunkten $\mathfrak{P}_1'$ und $\mathfrak{P}_2'$ entsprechen auf $\mathfrak{g}$ die Pollagen $\mathfrak{P}_1$ und $\mathfrak{P}_2$; der Pol ist also durch die beiden Paare entsprechender Krümmungsmittelpunkte nur zweideutig bestimmt.

Die Punkte $\mathfrak{P}_1'$ und $\mathfrak{P}_2'$ sind jetzt die Doppelpunkte einer auf $\mathfrak{k}$ liegenden Involution, die durch die Paare A', B' und B', A' definiert ist; wir können sie daher auch mit Hilfe der Polare $\mathfrak{u}$ des Punktes $\mathfrak{U}$ in bezug auf $\mathfrak{k}$ ermitteln, und dabei ist $\mathfrak{u}$ die Verbindungslinie der Schnittpunkte von $A'\mathsf{B}'$ mit $\mathsf{A}'\mathsf{B}'$ und von $A'\mathsf{A}'$ mit $B'\mathsf{B}'$.

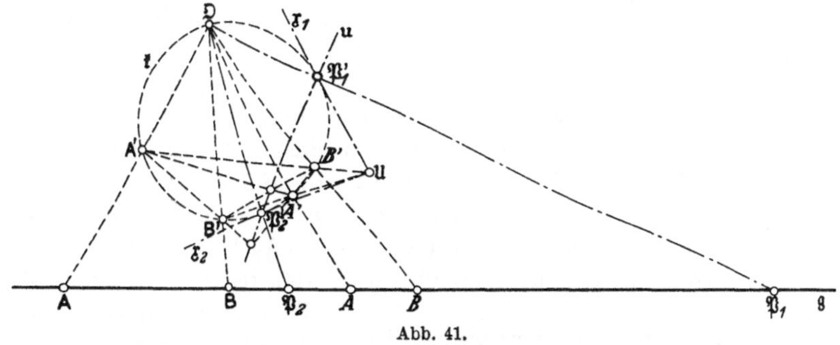

Abb. 41.

Für die Punkte $\mathfrak{P}_1$ und $\mathfrak{P}_2$, die unsere Aufgabe lösen, gilt also schließlich der Satz: Die beiden Pole, die zu zwei Paaren entsprechender Krümmungsmittelpunkte A, A und B, B gehören, sind die Doppelpunkte der durch die Paare A, B und B, A bestimmten Involution. Sie sind demnach reell, wenn diese Paare einander nicht trennen, und sie liegen zu jedem Paar harmonisch[1].

*36. Diese Zweideutigkeit der Pollage tritt besonders anschaulich hervor, wenn wir die Strecken $\mathsf{A}B$, $\mathsf{A}A$, AB und $B\mathsf{B}$ der Abb. 41 als die Seiten eines Gelenkvierecks auffassen, das in eine einzige Gerade zusammengeklappt werden kann, weil die Summen von je zwei aufeinanderfolgenden Seiten, nämlich $\mathsf{A}B + B\mathsf{B}$ und $AB + \mathsf{A}A$, einander gleich sind. Betrachten wir das Glied $\mathsf{A}B$ als fest, so entsteht ein sogenanntes durchschlagendes Kurbelgetriebe[2]. Dieses ist in den Abb. 42 und 43 für zwei verschiedene Koppellagen $A'B'$ und $A''B''$ gezeichnet, die sich in der Nähe der Durchschlagslage AB befinden; bei der ersten schneiden sich die Verlängerungen der Arme AA' und BB' im Pole $\mathfrak{P}'$, bei der zweiten kreuzen sich die Lagen AA'' und BB'' und bestimmen so den Pol $\mathfrak{P}''$. Diese Polbestimmung versagt

---

[1] Aronhold: vgl. die Anmerkung zu Anfang des Art. 21.
[2] Näheres im 5. Kapitel, Art. 77, Fall 2 und Art. 81.

aber für die Durchschlagslage AB, und hier liefert die in Abb. 41 ausgeführte Konstruktion die beiden Pole $\mathfrak{P}_1$ — in der Nähe von $\mathfrak{P}'$ — und $\mathfrak{P}_2$ — in der Nähe von $\mathfrak{P}''$ — entsprechend den beiden Fällen,

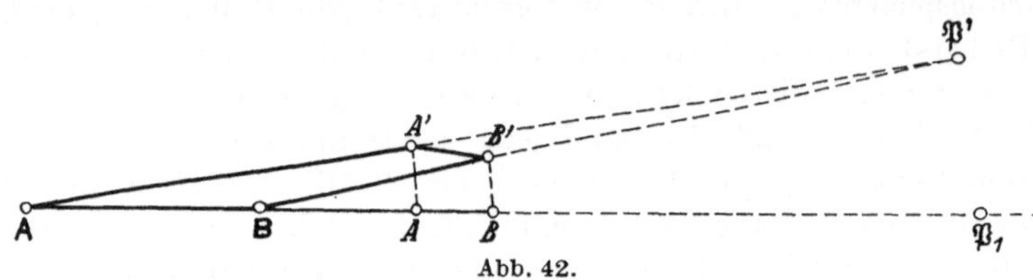

Abb. 42.

daß das Kurbelgetriebe als ein offenes oder überschlagenes Viereck in seine Durchschlagslage gelangt. Die Polkurve π, die in bezug auf AB symmetrisch ist, schneidet diese Gerade in $\mathfrak{P}_1$ und $\mathfrak{P}_2$.

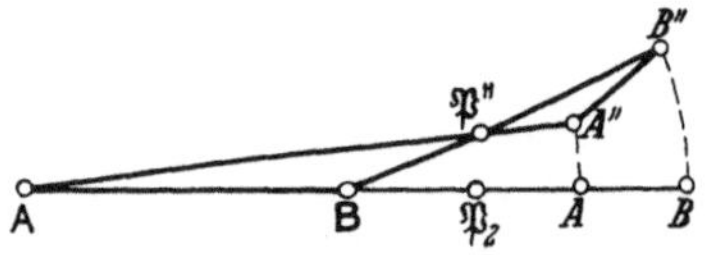

Analoge Betrachtungen gelten für ein durchschlagendes Kurbelgetriebe, bei dem die Summen der gegenüberliegenden Seiten, AB und AB, AA und BB, einander gleich sind (Abb. 44). Auch hier ergeben sich für die Durchschlagslage der Koppel zwei stets reelle Pole, weil die Paare A, B und B, A sich wiederum nicht trennen.

Abb. 43.

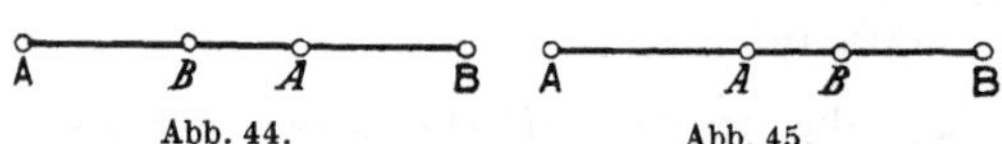

Abb. 44.   Abb. 45.

Auf den Fall sich trennender Paare — mit imaginären Doppelpunkten — bezieht sich Abb. 45. Hier ist AB = AA + AB + BB, aber das aus diesen Gliedern gebildete Kurbelgetriebe läßt sich überhaupt nicht bewegen.

Beziehungen zwischen den Paaren entsprechender Krümmungsmittelpunkte innerhalb der ganzen bewegten Ebene. Der Wendekreis und der Rückkehrkreis der Systemlage.

37. Um für die ganze Ebene die Paare entsprechender Krümmungsmittelpunkte festzulegen, haben wir in Abb. 46 außer dem Pol $\mathfrak{P}$ noch die gemeinschaftliche Normale $\mathfrak{n}$ der beiden Polkurven und auf ihr den Systempunkt W, dem der unendlich ferne Punkt von $\mathfrak{n}$ als Krümmungsmittelpunkt entsprechen soll, beliebig angenommen. Nach Art. 21 Gleichung (3) gilt für jedes Paar entsprechender Krümmungsmittelpunkte A, A auf der Geraden $\mathfrak{n}$ die Gleichung

$$\frac{1}{\mathfrak{P}A} - \frac{1}{\mathfrak{P}\mathsf{A}} = \frac{1}{b}, \tag{13}$$

und hieraus ergibt sich für den Punkt W

$$\frac{1}{\mathfrak{P}W} = \frac{1}{\mathfrak{d}},$$

also ist $\mathfrak{d} = \mathfrak{P}W$.

Machen wir auf $\mathfrak{n}$ die Strecke $\mathfrak{P}\Psi = -\mathfrak{d}$, so sind W und Ψ die Gegenpunkte der auf $\mathfrak{n}$ liegenden Reihen entsprechender Krümmungsmittelpunkte (Art. 32). Wir bezeichnen im folgenden als positive und negative Polkurvennormale ($\pm\mathfrak{n}$) die beiden Halbstrahlen, in die $\mathfrak{n}$ durch den Punkt $\mathfrak{P}$ zerlegt wird, so daß $+\mathfrak{n}$ den Punkt W, $-\mathfrak{n}$ den Punkt Ψ enthält.

Lassen wir den Punkt A auf $+\mathfrak{n}$ von $\mathfrak{P}$ bis W wandern, so durchläuft der zugehörige Krümmungsmittelpunkt A von $\mathfrak{P}$ ausgehend den ganzen Halbstrahl $+\mathfrak{n}$; dabei entspricht

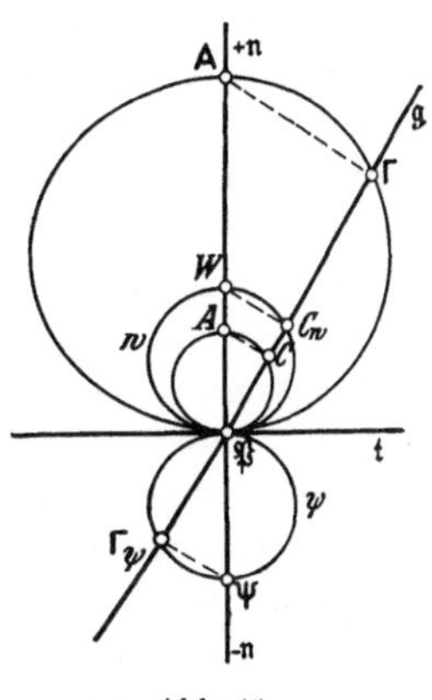

Abb. 46.

dem Werte $\mathfrak{P}A = \dfrac{\mathfrak{d}}{2}$ nach Gleichung (13) der Wert $\mathfrak{P}\mathsf{A} = \mathfrak{d}$, d. h. dem Mittelpunkt von $\mathfrak{P}W$ der Punkt W als Krümmungsmittelpunkt, und allgemein dem Werte $\mathfrak{P}A = \dfrac{\mathfrak{d}}{n}$ der Wert $\mathfrak{P}\mathsf{A} = \dfrac{\mathfrak{d}}{n-1}$; mithin ist $\mathfrak{P}\mathsf{A}$ immer größer als $\mathfrak{P}A$. Bewegt sich der Punkt A von W aus auf $+\mathfrak{n}$ bis ins Unendliche weiter, so gelangt A auf dem Halbstrahl $-\mathfrak{n}$ aus dem Unendlichen kommend bis Ψ, insbesondere erhalten wir für $\mathfrak{P}A = 2\mathfrak{d}$ den Wert $\mathfrak{P}\mathsf{A} = -2\mathfrak{d}$, also zwei Punkte, die in bezug auf $\mathfrak{P}$ symmetrisch liegen. Durchläuft schließlich der Punkt A den Halbstrahl $-\mathfrak{n}$ aus dem Unendlichen bis $\mathfrak{P}$, so legt A in derselben Richtung die Strecke $\Psi\mathfrak{P}$ zurück, und es entsprechen einander die Werte $\mathfrak{P}A = -\mathfrak{d}$ und $\mathfrak{P}\mathsf{A} = -\dfrac{\mathfrak{d}}{2}$; überhaupt liegt A jetzt immer zwischen A und $\mathfrak{P}$. — Hieraus ergibt sich weiter, daß jeder Punkt der Geraden $\mathfrak{n}$, von $\mathfrak{P}$ und W abgesehen, sich augenblicklich in einer Stelle seiner Bahn befindet, in der sie dem Punkte W ihre konkave Seite zuwendet.

38. Wir ziehen jetzt durch $\mathfrak{P}$ eine beliebige Gerade $\mathfrak{g}$ und bezeichnen mit φ den Winkel, den sie mit der gemeinsamen Tangente t der beiden Polkurven einschließt. Verstehen wir unter A und A wieder irgendein Paar entsprechender Krümmungsmittelpunkte auf der Geraden $\mathfrak{n}$, unter C und Γ bzw. die Fußpunkte der von ihnen auf $\mathfrak{g}$ gefällten Lote, so ist $\mathfrak{P}A = \dfrac{\mathfrak{P}C}{\sin\varphi}$ und $\mathfrak{P}\mathsf{A} = \dfrac{\mathfrak{P}\Gamma}{\sin\varphi}$; die Gleichung (13) kann also in der Form geschrieben werden

$$\left(\frac{1}{\mathfrak{P}C} - \frac{1}{\mathfrak{P}\Gamma}\right)\sin\varphi = \frac{1}{\mathfrak{d}},$$

und demnach sind C und Γ ebenfalls ein Paar entsprechender Krümmungsmittelpunkte, denn ihre Koordinaten genügen der Gleichung (3) des Art. 21. **Kennt man daher auf der Polkurvennormale $\mathfrak{n}$ die beiden Reihen entsprechender Krümmungsmittelpunkte, so erhält man sie auf jeder andern durch den Pol gehenden Geraden durch senkrechte Projektion jener Punktreihen auf die betreffende Gerade.**

Die Bahnkurve des Punktes C ist deshalb an der betrachteten Stelle konkav gegen die Projektion des Punktes W.

Wiederholt man die vorige Konstruktion für verschiedene Polstrahlen, so liegen die Fußpunkte aller von A und A gefällten Lote auf zwei Kreisen über den Durchmessern $\mathfrak{P}A$ und $\mathfrak{P}\mathsf{A}$. **Den Punkten eines Kreises, der die Polkurventangente im Pol berührt, entsprechen also Krümmungsmittelpunkte auf einem ebensolchen Kreise.**

39. Fällen wir von W und Ψ auf die Gerade $\mathfrak{g}$ die Lote $W C_w$ und $\Psi\Gamma_\psi$, so sind C_w und Γ_ψ die Gegenpunkte der auf $\mathfrak{g}$ liegenden Reihen entsprechender Krümmungsmittelpunkte, und die Kreise w und ψ, die bzw. die Strecken $\mathfrak{P}W$ und $\mathfrak{P}\Psi$ als Durchmesser haben, bilden den geometrischen Ort dieser Gegenpunkte für alle durch $\mathfrak{P}$ gehenden Geraden. Daraus ergibt sich der wichtige Satz: **Bewegt sich das System S irgendwie in der Ebene Σ, so liegen alle Systempunkte, die momentan eine Bahnstelle mit unendlich großem Krümmungsradius, im allgemeinen also einen Wendepunkt ihrer Bahn durchschreiten, auf einem Kreise w, und alle Punkte der Ebene Σ, die bei der umgekehrten Bewegung solche Bahnstellen erzeugen, liegen auf einem Kreise ψ. Diese Kreise haben gleichen Durchmesser und berühren die Polkurventangente beiderseits im Pol.** Wir bezeichnen w als den **Wendekreis der Systemlage** und ψ als den **Wendekreis für die umgekehrte Bewegung.**

Die Bahntangenten aller Punkte des Kreises w gehen durch den Punkt W, und bei der umgekehrten Bewegung treffen sich die Bahntangenten aller Punkte des Kreises ψ im Punkte Ψ. Die Punkte W und Ψ heißen die **Wendepole** der ursprünglichen und der umgekehrten Bewegung.

40. Der vorige Satz läßt sich im Hinblick auf Art. 32 noch in folgender Weise erweitern: **Die Krümmungsmittelpunkte aller Systemkurven, die momentan eine Hüllbahnstelle mit unendlich großem Krümmungsradius erzeugen, liegen auf dem Wendekreis w, und die Krümmungsmittelpunkte aller Hüllbahnkurven, deren Systemkurven im augenblicklichen Gleitpunkt einen unendlich großen Krümmungsradius**

haben, liegen auf dem Wendekreise ψ für die umgekehrte
Bewegung.

Zu den Systemkurven, die in ihrem Gleitpunkt einen unendlich
großen Krümmungsradius besitzen, gehören nun auch alle Geraden der
bewegten Ebene S. Bei der Geraden l der Abb. 47 liegt ihr Gleitpunkt G
auf dem Lote, das aus dem momentanen Pol $\mathfrak{P}$ auf l gefällt wird, und
nach dem letzten Satze trifft dieses Lot den Kreis ψ im Krümmungsmittelpunkt Λ der zugehörigen Hüllbahnkurve λ. Geht aber die Systemgerade, wie in unserer Abbildung die Gerade m, insbesondere durch den
Punkt Ψ, so fällt ihr Gleitpunkt und auch der Krümmungsmittelpunkt
ihrer Hüllbahnkurve μ mit dem zweiten Schnittpunkt H von m und ψ
zusammen. Dann hat also die Kurve μ im Punkte H den Krümmungsradius Null, d. h. im allgemeinen einen Rückkehr-
punkt mit m als Tangente. Wir erhalten somit den
Satz: Die Krümmungsmittelpunkte aller Hüllbahnkurven, die von den Geraden des bewegten Systems erzeugt werden, liegen auf dem
Kreise ψ. Insbesondere erzeugen alle Systemgeraden, die durch den Punkt Ψ gehen, im
allgemeinen einen Rückkehrpunkt ihrer Hüll-

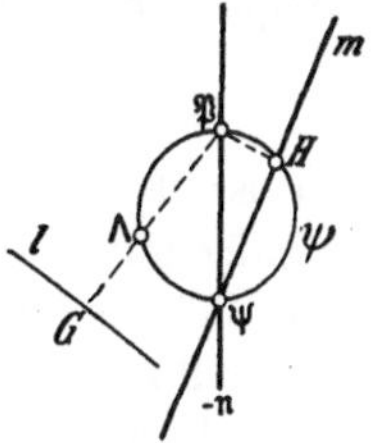

Abb. 47.

bahnkurve, und alle so entstehenden Rückkehrpunkte befinden sich auf dem Kreise ψ. Wegen dieser
Eigenschaft bezeichnet man den Kreis ψ auch als den Rückkehrkreis und den Punkt Ψ als den Rückkehrpol der Systemlage[1].

41. Der Satz vom Wendekreis ergibt sich auch sofort aus der
Gleichung (3) des Art. 21, die den Ausgangspunkt unserer Unter-
suchungen über die Krümmung der Bahnen gebildet hat. Fordern
wir nämlich, daß dem Punkte (r, φ) ein unendlich ferner Krümmungsmittelpunkt entsprechen soll, so erhalten wir aus jener Gleichung für
$\varrho = \infty$ die Bedingung

$$\frac{1}{r}\sin\varphi = \frac{1}{\mathfrak{b}}$$

oder

$$r = \mathfrak{b}\sin\varphi\,; \tag{14}$$

das ist aber die Gleichung des Wendekreises w in Polarkoordinaten.
Ebenso folgt aus (3) für $r = \infty$

$$-\frac{1}{\varrho}\sin\varphi = \frac{1}{\mathfrak{b}}$$

oder

$$\varrho = -\mathfrak{b}\sin\varphi\,, \tag{15}$$

also die Gleichung des Rückkehrkreises ψ.

---

[1] Nach de la Hire, der 1706 den Satz vom Wendekreis w gefunden hat,
nannte Burmester die Kreise w und ψ gemeinsam die de la Hireschen
Kreise.

Jetzt erkennen wir auch die geometrische Bedeutung der in Gleichung (3) des Art. 21 vorkommenden Konstanten $\mathfrak{d}$, die bereits kinematisch durch die Formel (4) erklärt wurde. Sie bezeichnet nämlich den Durchmesser des Wendekreises der betrachteten Systemlage.

42. Der Wendekreis für spezielle Fälle der ebenen Bewegung. I. Bei der in Art. 19 behandelten elliptischen Bewegung fällt der Wendekreis in jeder Systemlage mit dem beweglichen Polkreise p zusammen; denn jeder Punkt von p bewegt sich auf einem Durchmesser des festen Polkreises π, befindet sich also immer in einer Bahnstelle mit unendlich großem Krümmungsradius. Dasselbe folgt übrigens auch aus der Gleichung (13) des Art. 37, wenn wir das auf π liegende Paar entsprechender Krümmungsmittelpunkte A, A durch die Mittelpunkte M und M von p und π ersetzen, also aus

$$\frac{1}{\mathfrak{P}M} - \frac{1}{\mathfrak{P}\mathsf{M}} = \frac{1}{\mathfrak{d}}\,.$$

Jetzt ist $\mathfrak{P}\mathsf{M} = 2\cdot\mathfrak{P}M$, mithin $\mathfrak{d} = \mathfrak{P}\mathsf{M}$, der Wendepol fällt also beständig mit dem Mittelpunkte M des festen Kreises zusammen.

II. Bei der in Abb. 8 dargestellten konchoidischen Bewegung liegt der Punkt A, der die Gerade α beschreibt, auf dem Wendekreis w und der Punkt K, der von der Geraden k umhüllt wird, auf dem Rückkehrkreis ψ. Verlängern wir also die Strecke K$\mathfrak{P}$ über $\mathfrak{P}$ hinaus um sich selbst bis C, so geht w auch durch C, und die Parallele durch C zu k schneidet α im Wendepol W.

43. Kennt man den Pol $\mathfrak{P}$ und den Wendepol W der Systemlage, so kann man zu jedem Systempunkt C den Krümmungsmittelpunkt Γ seiner Bahnkurve sehr einfach konstruieren (Abb. 48). Nach der in Art. 27 entwickelten Vorschrift hat man nämlich den Winkel, den $\mathfrak{P}W$ mit der Polkurventangente t bildet, in $\mathfrak{P}$ an $\mathfrak{P}C$ anzutragen; d. h. man errichtet in $\mathfrak{P}$ zu $\mathfrak{P}C$ ein Lot. Schneidet CW dieses Lot in $\mathfrak{H}$, so trifft die Verbindungslinie von $\mathfrak{H}$ mit dem zu W gehörigen, unendlich fernen Krümmungsmittelpunkt, also die Parallele durch $\mathfrak{H}$ zu π, den Polstrahl $\mathfrak{P}C$ in Γ. Der Pol $\mathfrak{P}$ und der Wendepol W bilden demnach ein Äquivalent für drei unendlich benachbarte Systemlagen.

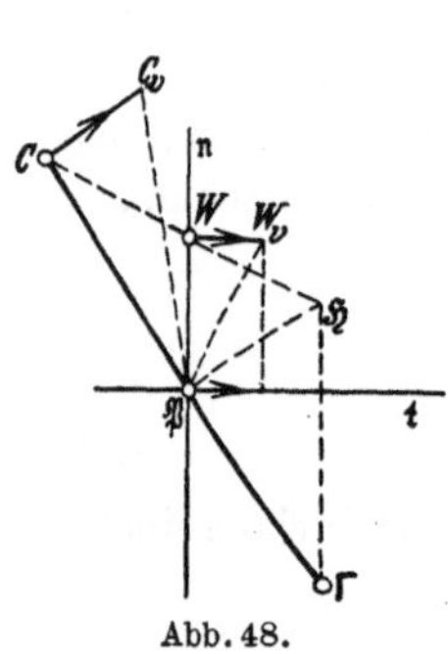

Abb. 48.

Umgekehrt findet man durch dieselben Hilfslinien aus $\mathfrak{P}, t$ und einem Paar C, Γ entsprechender Krümmungsmittelpunkte den Wendepol W. Ist außerdem die Geschwindigkeit CC_v des Punktes C gegeben, so erhält man die augenblickliche Rollgeschwindigkeit $\mathfrak{u}$ des Systems nach Art. 21 Gleichung (4) durch die Formel $\mathfrak{u} = \mathfrak{d}\omega$, in der ω die momentane Winkelgeschwindigkeit bedeutet, $\mathfrak{u}$ ist also gleich der Geschwindigkeit des Systempunktes W. Macht man daher $\triangle \mathfrak{P} W W_v \sim \triangle \mathfrak{P} C C_v$, so ergibt sich $\mathfrak{u}$ nach Größe und Richtung gleich $W W_v$.

Man kann aber die Rollgeschwindigkeit $\mathfrak{u}$ auch ohne Benutzung des Wendepols W aus $\mathfrak{P}$ und t, sowie aus dem Punktpaar C, Γ und der Geschwindigkeit $C C_v$ unmittelbar konstruieren (Abb. 49). Schreibt man nämlich die Gleichung (3) des Art. 21 in der Form

$$\left(\frac{1}{\mathfrak{P}C} - \frac{1}{\mathfrak{P}\Gamma}\right) \sin \varphi = \frac{\omega}{\mathfrak{u}},$$

so folgt

$$\mathfrak{u} \sin \varphi = \frac{\mathfrak{P}\Gamma \cdot \mathfrak{P}C \, \omega}{\mathfrak{P}\Gamma - \mathfrak{P}C} = \frac{\mathfrak{P}\Gamma \cdot C C_v}{C \Gamma}.$$

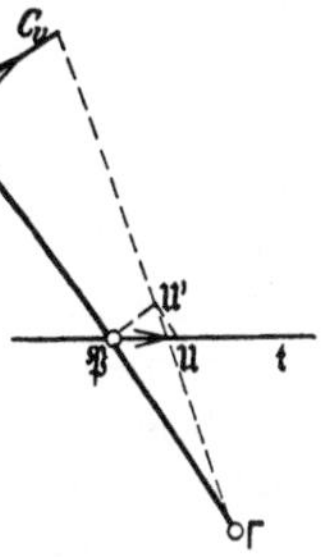

Zieht man nun $\mathfrak{P}\mathfrak{U}' \perp \mathfrak{P}C$ bis zur Geraden ΓC_v, so verhält sich

$$\frac{\mathfrak{P}\mathfrak{U}'}{C C_v} = \frac{\mathfrak{P}\Gamma}{C \Gamma},$$

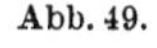

mithin ist $\mathfrak{u} \sin \varphi = \mathfrak{P}\mathfrak{U}'$; man findet demnach auf t die Strecke $\mathfrak{P}\mathfrak{U} = \mathfrak{u}$ mittels $\mathfrak{U}'\mathfrak{U} \| C \Gamma$[1].

Abb. 49.

44. Konstruktion des Wendekreises aus zwei Paaren entsprechender Krümmungsmittelpunkte A, A und B, B, die nicht in derselben Geraden liegen (Wendekreis für die Koppellage $A B$ des durch die vier gegebenen Punkte bestimmten Kurbelgetriebes, Abb. 50). Wir ermitteln auf den Geraden $A\mathsf{A}$ und $B\mathsf{B}$, die sich im Pol $\mathfrak{P}$ treffen, nach Art. 33 bzw. die Punkte A_w und B_w, denen ein unendlich ferner Krümmungsmittelpunkt entspricht; dann geht der Wendekreis w durch $\mathfrak{P}$, A_w und B_w. Verlegen wir den Punkt $\mathfrak{H}$, der in Abb. 37 beliebig angenommen wurde, der Einfachheit wegen in den Schnittpunkt von $A B$ und $\mathsf{A}\mathsf{B}$, so liefern die früher benutzten Hilfslinien — nämlich $\mathfrak{P}\mathfrak{J} \| \mathsf{A}\mathsf{B}$ bis $A B$ und die Parallele durch $\mathfrak{J}$ zu $\mathfrak{P}\mathfrak{H}$ — gleichzeitig A_w und B_w. Die in diesen Punkten zu $A\mathsf{A}$ und $B\mathsf{B}$ errichteten Lote schneiden sich im Wendepol W.

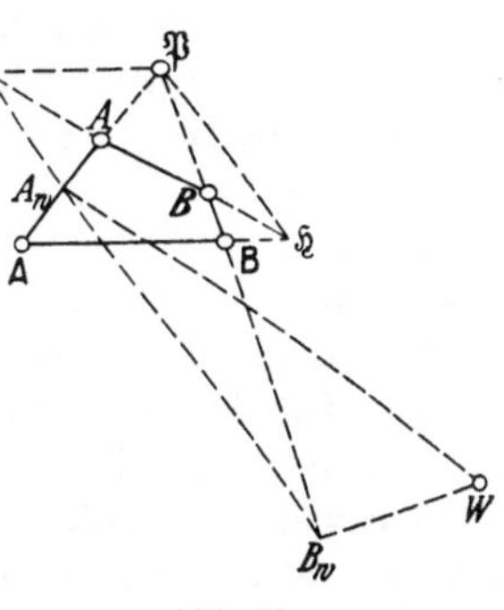

Abb. 50.

45. Nicht jeder Punkt des Wendekreises beschreibt einen Wendepunkt seiner Bahnkurve. So befindet sich der Punkt P, der mit dem Pole $\mathfrak{P}$ der Systemlage S momentan zusammenfällt, wie wir bereits wissen, in einem Rückkehrpunkte seiner Bahn, also im allgemeinen

---

[1] Vgl. W. Hartmann, ein neues Verfahren zur Aufsuchung des Krümmungskreises, Z. VDI 1893, S. 95.

3*

nicht in einer Bahnstelle mit unendlich großem Krümmungsradius. Definieren wir aber den Wendekreis w — wie es der Entstehung eines Wendepunktes entspricht — als den Ort aller Punkte A, die in den drei unendlich benachbarten Lagen A, A', A'' auf je einer Geraden bleiben, so gilt diese Erklärung auch für den Punkt P, weil seine Lage P' mit P identisch ist, und sie gilt auch noch für den zu P unendlich benachbarten Punkt Q der beweglichen Polkurve p und des Wendekreises w, da die Lagen Q' und Q'' sich mit dem Pole Ω der Systemlage S' decken. Durch den Punkt Q geht aber auch der Kreis w_* der Systemlage S, der in der Systemlage S' zum Wendekreise wird, denn w_* ist der Ort aller Punkte B, die in den Lagen B', B'', B''' sich auf je einer Geraden befinden. Die Kreise w und w_* schneiden sich nun außer im Punkte Q — der beim Grenzübergang mit P zusammenfällt — noch in einem zweiten reellen Punkte U. Von diesem müssen die Lagen U, U', U'' und ebenso U', U'', U'''' je einer Geraden angehören, und da U' und U'' nicht — wie die Punkte Q' und Q'' — miteinander zusammenfallen, so folgt, daß die vier Punkte U, U', U'', U'''' in einer und derselben Geraden liegen. Wir erhalten somit den Satz: Auf dem Wendekreise w gibt es — im allgemeinen — einen Punkt U, der momentan eine Bahnstelle mit vierpunktig berührender Tangente durchläuft. Dieser Punkt beschreibt also statt eines Wendepunktes einen Undulations- oder Flachpunkt seiner Bahn. Wir bezeichnen ihn als den Ballschen Punkt der Systemlage[1].

46. In Abb. 51 ist eine Reihe diskreter Systemlagen S, S', S'', S''' ... durch die entsprechenden Lagen einer Strecke AB gegeben; der Einfachheit wegen haben wir als Bahnen der Punkte A und B zwei Kreise mit den Mittelpunkten A und B gewählt, so daß die Bewegung der Ebene S durch das Kurbelgetriebe $ABBA$ hervorgebracht werden kann. Für die Anfangslage S ist der Wendekreis w nach Art. 44 konstruiert worden, ebenso die Kreise w_1, w_2, w_3 ..., die zu Wendekreisen werden, wenn die Strecke AB in die Lagen $A'B'$, $A''B''$, $A'''B'''$ ... gelangt. Die Einhüllende der Kreise w, w_1, w_2, w_3 ... besteht aus zwei Teilen von wesentlich verschiedener Bedeutung: Der eine von ihnen ist die bewegliche Polkurve p; ihre Berührungspunkte P, P_1, P_2, P_3 ... mit jenen Kreisen fallen in den Systemlagen S, S', S'', S''' ... bzw. mit den Polen $\mathfrak{P}$, $\mathfrak{P}_1$, $\mathfrak{P}_2$, $\mathfrak{P}_3$ ... zusammen und beschreiben dann jedesmal einen Rückkehrpunkt ihrer Bahn — der andere ist der Ort u der Ballschen Punkte U, U_1, U_2, U_3 ..., deren Bahnkurven bzw. in U, U'_1, U''_2, U'''_3 ... einen Undulationspunkt haben[2].

---

[1] Auf diesen Punkt hat Ball 1871 aufmerksam gemacht, Notes on applied mechanics, Proceedings of the R. Irish Acad. Ser. II, Bd. I, S. 243.

[2] Eine genaue Konstruktion der Ballschen Punkte kann hier noch nicht angegeben werden, da sie die Untersuchung der Bewegung während vier

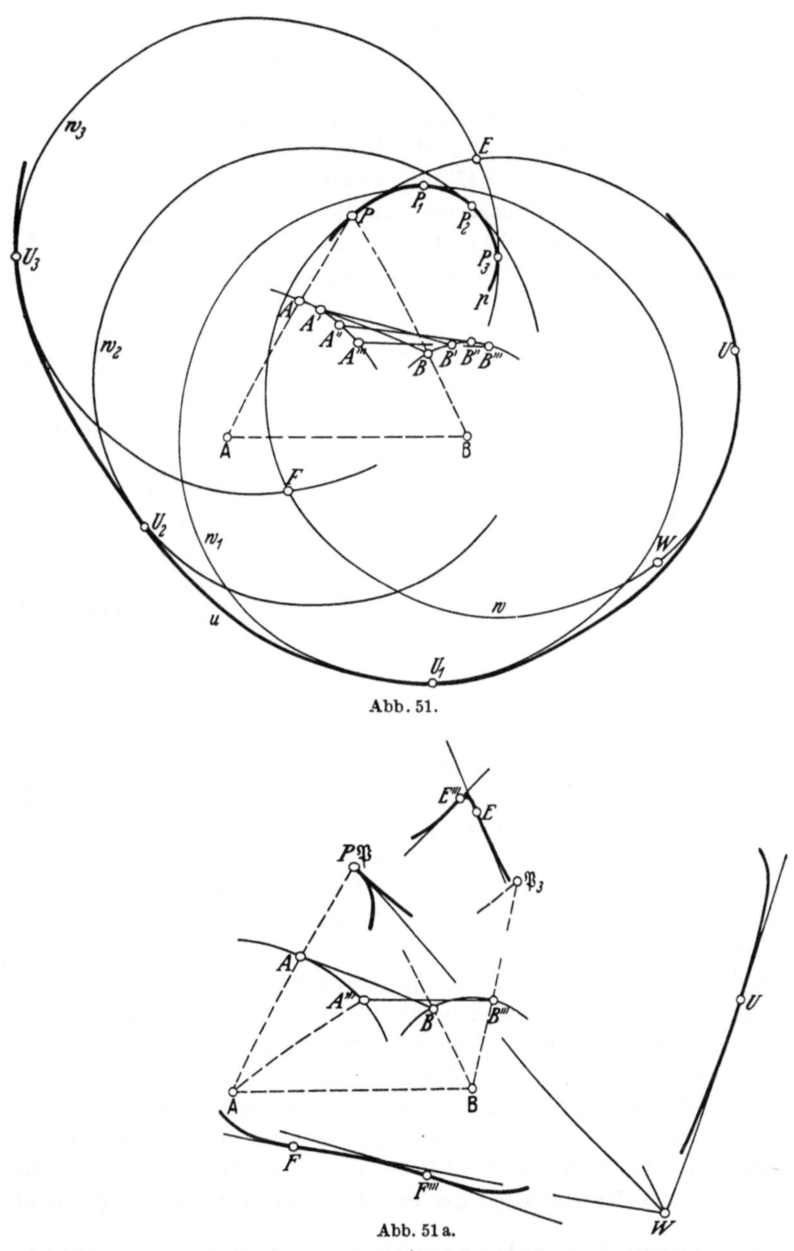

Abb. 51.

Abb. 51 a.

unendlich naher Systemlagen erfordert; vorläufig möge es genügen, daß wir
die Punkte nur angenähert als die Berührungspunkte der Kreise w, w_1, $w_2 \ldots$
mit der Kurve u ermitteln. Näheres siehe Art. *54.

Der Kreis w wird von jedem der ihm benachbarten Kreise w_1, w_2, $w_3 \ldots$, z. B. von w_3, in zwei Punkten E und F geschnitten, von denen E nahe an p und F in der Nähe von u liegt[1]. Die Bahnkurven dieser Punkte haben zwei dicht aufeinanderfolgende Wendepunkte in E und E''', bzw. in F und F''', und zwar liegt der kleine Bogen EE''' innerhalb des spitzen Winkels, der Bogen FF''' innerhalb des stumpfen Winkels, den die Wendetangenten jedesmal einschließen (Abb. 51a). Je näher der Kreis w_3 an w heranrückt, desto mehr nähern sich diese Winkel den Grenzen 0 und 180°, und so entsteht schließlich aus den Wende-

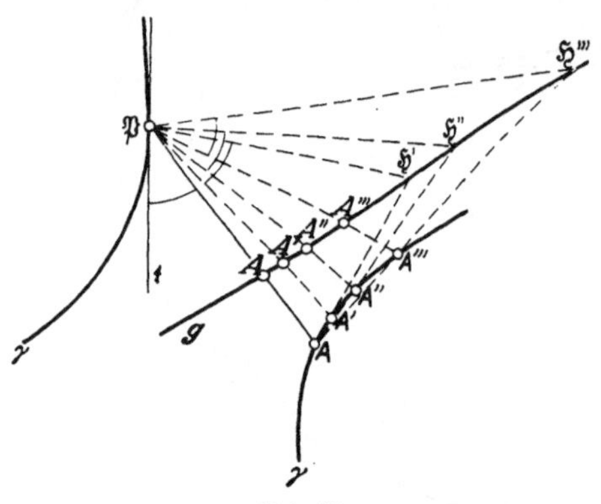

Abb. 52.

punkten E und E''' der Rückkehrpunkt P und aus den Wendepunkten F und F''' der Undulationspunkt U.

Die Systempunkte, die in der Nähe der Kurve p in dem von Wendekreisen freien Teil der Ebene S liegen, beschreiben statt eines Rückkehrpunktes eine kleine Schleife.

***47. Verwandtschaft zwischen den Punkten der bewegten Ebene S und den entsprechenden Krümmungsmittelpunkten in der festen Ebene Σ.** Durch die Gleichung (3) des Art. 21 — oder durch die daraus abgeleitete Bobilliersche Konstruktion — wird jedem Punkte A von S ein Punkt A von Σ, nämlich der Krümmungsmittelpunkt der augenblicklich durchlaufenen Bahnstelle, als entsprechend zugeordnet. Eine Ausnahme macht nur der momentane Pol $\mathfrak{P}$, dem nach Art. 34 bei der ursprünglichen wie bei der umgekehrten Bewegung jeder Punkt der Polkurventangente t entspricht.

Um die so definierte Verwandtschaft zwischen den Ebenen S und Σ noch eingehender zu untersuchen, als es in Art. 37 bis 39 bereits geschehen ist, denken wir uns in Abb. 52 drei unendlich benachbarte Systemlagen durch den Pol $\mathfrak{P}$, die Polkurventangente t und ein Paar entsprechender Krümmungsmittelpunkte A, A gegeben und ziehen in der Ebene S, etwa durch A, eine beliebige Gerade g, die aber nicht durch $\mathfrak{P}$ geht. Zu den Punkten A', $A'' \ldots$ von g ermitteln wir nach der Bobillierschen Konstruktion die entsprechenden Krümmungsmittel-

---

[1] Der Deutlichkeit wegen haben wir statt des Kreises w_1, der unmittelbar auf w folgt, den Kreis w_3 gewählt, weil sonst die Tangenten in den beiden Wendepunkten der Bahnkurve des Punktes E — und dasselbe gilt vom Punkte F — in unserer Abbildung kaum zu unterscheiden wären.

punkte A′, A″ ..., indem wir den Winkel $A\mathfrak{P}t$ in $\mathfrak{P}$ an die Polstrahlen $\mathfrak{P}A′$, $\mathfrak{P}A″$ ... entgegengesetzt antragen. Schneiden die so erhaltenen Strahlen die Gerade g bzw. in $\mathfrak{H}′, \mathfrak{H}″$ ..., so bestimmen die Geraden $A\mathfrak{H}′$, $A\mathfrak{H}″$ ... auf $\mathfrak{P}A′$, $\mathfrak{P}A″$ ... bzw. die Punkte A′, A″ ... Dann ist das Strahlenbüschel $\mathfrak{P}(A′A″ ...)$ gleich dem Büschel $\mathfrak{P}(\mathfrak{H}′\mathfrak{H}″ ...)$, und dieses ist perspektiv dem Büschel $A(\mathfrak{H}′\mathfrak{H}″ ...)$; die Büschel $\mathfrak{P}(A′A″ ...)$ und $A(\mathfrak{H}′\mathfrak{H}″ ...)$ sind also projektiv und erzeugen als Ort der Punkte A′, A″ ... einen Kegelschnitt γ, der durch $\mathfrak{P}$ und A geht. Da ferner dem Strahl t des ersten Büschels der Strahl $A\mathfrak{P}$ des zweiten entspricht, so berührt γ die Gerade t in $\mathfrak{P}$. — Weil zu jedem Punkt des Wendekreises w ein unendlich ferner Krümmungsmittelpunkt gehört, so ist γ eine Hyperbel, Ellipse oder Parabel, je nachdem die Gerade g den Kreis w schneidet, nicht schneidet oder berührt.

Einer anderen nicht durch $\mathfrak{P}$ gehenden Geraden g^* entspricht als Ort der zugeordneten Krümmungsmittelpunkte ein Kegelschnitt γ^*, der ebenfalls t in $\mathfrak{P}$ berührt. Schneidet g^* die Gerade g in A, so enthält γ^* den entsprechenden Punkt A. Die Kegelschnitte γ und γ^* berühren sich außerdem in $\mathfrak{P}$, sie können sich aber in keinem weiteren Punkte schneiden, weil sonst die Geraden g und g^* auch den entsprechenden Punkt von S miteinander gemein hätten. Daraus schließen wir, daß γ und γ^* in $\mathfrak{P}$ drei zusammenfallende Punkte gemein haben.

Ersetzen wir g^* durch die unendlich ferne Gerade der Ebene S, so tritt an die Stelle des Kegelschnittes γ^* nach Art. 39 der Rückkehrkreis ψ, und hieraus ergibt sich endlich der Satz: Allen Geraden des Systems S, die nicht durch den Pol $\mathfrak{P}$ gehen, entsprechen Kegelschnitte, die vom Rückkehrkreis ψ im Punkte $\mathfrak{P}$ dreipunktig berührt werden. — Umgekehrt entsprechen den nicht durch $\mathfrak{P}$ gehenden Geraden des Systems Σ Kegelschnitte in S, die den Wendekreis w in $\mathfrak{P}$ zum Krümmungskreis haben.

Geht die Gerade g durch $\mathfrak{P}$, so zerfällt der Kegelschnitt γ in die Geraden g und t.

Aus diesen Darlegungen folgt weiter: Die beiden Systeme S und Σ der Paare entsprechender Krümmungsmittelpunkte stehen in einer quadratischen Verwandtschaft.

Bezeichnen wir mit k eine Kurve n^{ter} Ordnung von S, die den Punkt $\mathfrak{P}$ nicht enthält, mit $\varkappa$ die entsprechende Kurve von Σ und bedeutet λ eine nicht durch $\mathfrak{P}$ gehende Gerade von Σ, l den entsprechenden Kegelschnitt von S, von dem wir wissen, daß er in $\mathfrak{P}$ vom Wendekreis w dreipunktig berührt wird, so haben k und l miteinander $2n$ — reelle oder konjugiert imaginäre — Punkte gemein, und diesen entsprechen in Σ ebenso viele Schnittpunkte von $\varkappa$ mit λ; die Kurve $\varkappa$ ist also von der Ordnung $2n$. Geht aber die Kurve k durch den Punkt $\mathfrak{P}$ oder berührt sie in ihm die Gerade t oder hat sie gar in $\mathfrak{P}$ den Krümmungskreis w, so vermindert sich die Ordnung von $\varkappa$ bzw. um 1, 2 oder 3, weil dem Punkte $\mathfrak{P}$ für sich allein 1-, 2- oder 3 mal die Gerade t entspricht.

*Die Kreispunktkurve und der Ballsche Punkt der Systemlage. Die Krümmungsmittelpunkte der Polkurven.

***48.** In Art. 45 gelangten wir zu dem Satze, daß es in jeder Systemlage im allgemeinen einen Punkt U gibt, der augenblicklich eine Bahnstelle mit vierpunktig berührender Tangente beschreibt; wir nannten ihn den Ballschen Punkt der Systemlage. Aber wir haben bisher nur die Existenz eines solchen Punktes bewiesen, ohne zu zeigen, wie wir ihn ermitteln können, wenn die Momentanbewegung des Systems für die erforderliche Anzahl unendlich benachbarter Lagen irgendwie gegeben ist. Um diese Lücke auszufüllen, gehen wir von der allgemeineren Aufgabe aus, die Systempunkte zu bestimmen, deren Bahnkurven an der eben betrachteten Stelle einen vierpunktig berührenden Krümmungskreis besitzen. Es ist klar, daß der Ballsche Punkt mit zu diesen Punkten gehört, nur ist bei ihm der Krümmungsradius außerdem noch unendlich groß.

Wir bezeichnen, wie zu Beginn dieses Kapitels, mit S die Anfangslage des Systems, aus der es durch eine unendlich kleine Drehung $d\vartheta$ um den Pol $\mathfrak{P}$ in die Lage S' gelangt, mit A und A' die entsprechenden Lagen eines Systempunktes und mit $\mathfrak{Q}$ den Pol von S' und der folgenden unendlich benachbarten Lage S''. Der Schnittpunkt A der Geraden $\mathfrak{P}A$ und $\mathfrak{Q}A'$ wird beim Grenzübergang zum Krümmungsmittelpunkt der Bahnkurve α des Punktes A, und die Gerade $\mathfrak{P}\mathfrak{Q}$ liefert die Polkurventangente t (Abb. 53). Setzen wir wieder $\mathfrak{P}\mathfrak{Q} = d\mathfrak{s}$, $\mathfrak{P}A = r$, $\mathfrak{P}A = \varrho$, $\angle A\mathfrak{P}t = \varphi$, so folgt aus der Gleichung (1) des Art. 21

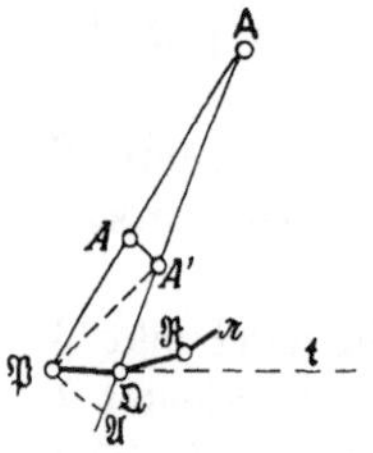

$$\varrho = \frac{r\,d\mathfrak{s}\sin\varphi}{d\mathfrak{s}\sin\varphi - r\,d\vartheta},$$

mithin ist der Krümmungsradius der Kurve α in A

$$\mathfrak{r} = \varrho - r = \frac{r^2\,d\vartheta}{d\mathfrak{s}\sin\varphi - r\,d\vartheta}.$$

Abb. 53.

Der Einfachheit halber wollen wir im folgenden die Bogenlänge $\mathfrak{s}$ der Polkurve π als unabhängige Veränderliche betrachten, was immer zulässig ist, da wir den singulären Fall $d\mathfrak{s} = 0$ von vornherein ausgeschlossen hatten; wir nehmen also an, die Pole $\mathfrak{P}, \mathfrak{Q}, \mathfrak{R} \ldots$ je zweier unendlich benachbarten Systemlagen folgten auf π in gleichen Abständen aufeinander. Dann ist der Drehungswinkel ϑ des Systems eine Funktion von $\mathfrak{z}$; gebrauchen wir für $\dfrac{d\vartheta}{d\mathfrak{z}}$ noch die Abkürzung ϑ', so verwandelt sich die letzte Gleichung in

$$\mathfrak{r} = \frac{r^2\vartheta'}{\sin\varphi - r\vartheta'}. \tag{16}$$

Während das System sich bewegt, sind auch die Koordinaten r, φ des Systempunktes A, die sich immer auf den jeweiligen Pol und die zugehörige Polkurventangente beziehen, Funktionen von $\mathfrak{z}$. Befindet sich nun der Punkt A momentan in einer Bahnstelle mit vierpunktig berührendem Krümmungskreis, so bleibt der Krümmungsradius $\mathfrak{r}$ unverändert, wenn A in die unendlich benachbarte Lage A' kommt, wenn also $\mathfrak{z}$ um $d\mathfrak{z}$ zunimmt. Für alle Systempunkte mit vierpunktig berührendem Krümmungskreis ist demnach

$$\frac{d\mathfrak{r}}{d\mathfrak{z}} = 0.$$

Differenzieren wir nun die Gleichung (16) nach $\mathfrak{z}$ und setzen wieder $\dfrac{dr}{d\mathfrak{z}} = r'$, $\dfrac{d\varphi}{d\mathfrak{z}} = \varphi'$, $\dfrac{d\vartheta'}{d\mathfrak{z}} = \dfrac{d^2\vartheta}{d\mathfrak{z}^2} = \vartheta''$, so ergibt sich für solche Systempunkte die Bedingung

$$(\sin\varphi - r\vartheta')(2rr'\vartheta' + r^2\vartheta'') - r^2\vartheta'(\varphi'\cos\varphi - r'\vartheta' - r\vartheta'') = 0$$

oder

$$2r'\vartheta'\sin\varphi + r\vartheta''\sin\varphi - rr'\vartheta'^2 - r\vartheta'\varphi'\cos\varphi = 0. \tag{17}$$

Hier müssen noch r' und φ' ermittelt werden: In Abb. 53 bedeutet $r + dr$ den Radiusvektor $\mathfrak{O}A'$ des Punktes A', also ist

$$dr = \mathfrak{O}A' - \mathfrak{P}A = \mathfrak{O}A' - \mathfrak{P}A'$$

oder, wenn wir auf der Geraden $\mathfrak{O}A'$ die Strecke $A'\mathfrak{A} = A'\mathfrak{P}$ machen,

$$dr = \mathfrak{O}A' - \mathfrak{A}A' = -\mathfrak{A}\mathfrak{O}.$$

Da aber im Dreieck $\mathfrak{P}\mathfrak{O}\mathfrak{A}$ der Winkel bei $\mathfrak{A}$ beim Grenzübergang ein rechter und der Winkel bei $\mathfrak{O}$ gleich φ ist, so folgt

$$dr = -d\mathfrak{z}\cos\varphi,$$

also

$$r' = -\cos\varphi. \tag{18}$$

Ferner ist $\varphi + d\varphi$ der Winkel, den der Radiusvektor $\mathfrak{O}A'$ mit dem Element $\mathfrak{O}\mathfrak{R}$ der Polkurve π bildet. Bezeichnen wir den Winkel $\mathfrak{P}A'\mathfrak{O}$ mit $d\iota$ und den Kontingenzwinkel der Kurve π, den das Element $\mathfrak{O}\mathfrak{R}$ mit der Verlängerung von $\mathfrak{P}\mathfrak{O}$ bildet, mit $d\tau$, so ist auch der Winkel

$\mathfrak{RQ}$t von unendlich kleinen Größen höherer Ordnung abgesehen gleich $d\tau$, und dann ergibt sich aus dem Dreieck $\mathfrak{P}\mathfrak{Q}A'$

$$(\varphi + d\varphi) + d\tau = d\iota + (\varphi - d\vartheta)$$

oder

$$d\varphi = d\iota - d\vartheta - d\tau.$$

In demselben Dreieck ist nach dem Sinussatze

$$d\iota = \frac{d\mathfrak{s}\,\sin\varphi}{r},$$

mithin wird

$$d\varphi = \frac{d\mathfrak{s}\,\sin\varphi}{r} - (d\vartheta + d\tau).$$

Der Winkel τ, den die Tangente im Endpunkte des Bogens $\mathfrak{s}$ der Kurve π mit der Tangente des Anfangspunktes einschließt, ist ebenfalls eine Funktion von $\mathfrak{s}$; bezeichnen wir also $\dfrac{d\tau}{d\mathfrak{s}}$ mit τ', so können wir die letzte Gleichung auch in der Form schreiben

$$r\varphi' = \sin\varphi - r\,(\vartheta' + \tau'). \tag{19}$$

Mit Rücksicht auf (18) und (19) verwandelt sich (17) endlich in die folgende Gleichung

$$r\,[\vartheta'\,(2\,\vartheta' + \tau')\cos\varphi + \vartheta''\,\sin\varphi] - 3\,\vartheta'\,\sin\varphi\,\cos\varphi = 0. \tag{20}$$

In jeder Systemlage erfüllen also die Punkte, die momentan eine Bahnstelle mit vierpunktig berührendem Krümmungskreise durchschreiten, eine gewisse Kurve, die durch die Gleichung (20) dargestellt wird; wir bezeichnen sie im folgenden mit k und nennen sie mit Burmester die Kreispunktkurve der Systemlage.

*49. Eigenschaften der Kreispunktkurve. Setzen wir zur Abkürzung

$$\frac{3}{2\,\vartheta' + \tau'} = l \tag{21}$$

und

$$\frac{3\,\vartheta'}{\vartheta''} = m, \tag{22}$$

so lautet die Gleichung der Kurve k in rechtwinkligen Koordinaten für $\mathfrak{P}$ als Anfangspunkt und t als x-Achse

$$(x^2 + y^2)\,(m\,x + l\,y) - l\,m\,x\,y = 0. \tag{23}$$

Die Kreispunktkurve ist also von der dritten Ordnung; sie hat den Pol $\mathfrak{P}$ zum Doppelpunkt mit der Tangente t und der Normale n der Polkurven als Tangenten.

Die Kurve ist das Erzeugnis zweier projektiven Kreisbüschel

$$x^2 + y^2 - \lambda y = 0 \qquad (24)$$

und

$$x^2 + y^2 - \mu x = 0, \qquad (25)$$

deren Parameter λ und μ durch die Gleichung verbunden sind

$$\frac{\lambda}{l} + \frac{\mu}{m} = 1. \qquad (26)$$

Dies ergibt sich sofort, wenn wir λ und μ zwischen den drei letzten
Gleichungen eliminieren.

Hieraus folgt eine einfache Konstruktion der Kurve k aus
ihrem Doppelpunkte $\mathfrak{P}$, den Geraden t und n und den Strecken
l und m (Abb. 54). Machen
wir nämlich auf n die
Strecke $\mathfrak{P}\mathfrak{L} = l$ und auf
t die Strecke $\mathfrak{P}\mathfrak{M}' = m$
und fällen von irgendeinem
Punkte der Geraden $\mathfrak{L}\mathfrak{M}'$
auf n und t zwei Lote bzw.
mit den Fußpunkten $\mathfrak{A}$ und
$\mathfrak{A}'$, so sind $\mathfrak{P}\mathfrak{A}$ und $\mathfrak{P}\mathfrak{A}'$
die Durchmesser λ und μ
eines Paares entsprechen-
der Kreise der durch die
Gleichungen (24) und (25)
dargestellten Büschel. Der
Fußpunkt A des von $\mathfrak{P}$
auf $\mathfrak{A}\mathfrak{A}'$ gefällten Lotes
liegt demnach auf beiden
Kreisen und folglich auf
der Kurve k.

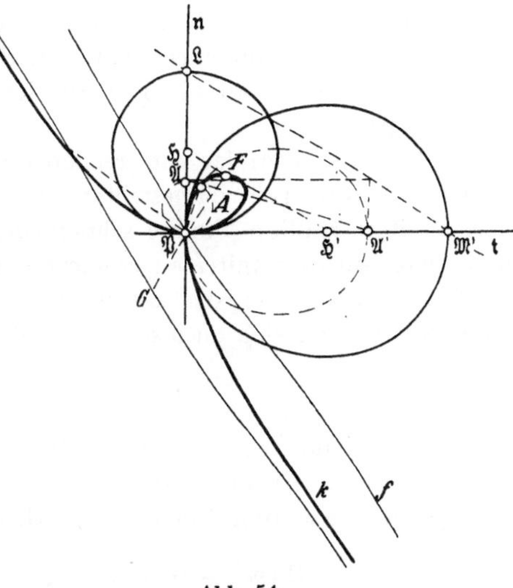

Abb. 54.

Die Punktreihen $\mathfrak{A} \ldots$ und $\mathfrak{A}' \ldots$, die durch senkrechte Projektion
der Punkte von $\mathfrak{L}\mathfrak{M}'$ auf n und t erhalten werden, sind einander ähnlich.
Dabei fallen die Punkte $\mathfrak{L}'$ und $\mathfrak{M}$, die den Punkten $\mathfrak{L}$ und $\mathfrak{M}'$ in der
andern Reihe entsprechen, mit dem Punkte $\mathfrak{P}$ zusammen. Dem Kreise
des ersten Büschels, der $\mathfrak{P}\mathfrak{L}$ zum Durchmesser hat, entspricht also im
zweiten Büschel der Kreis um $\mathfrak{P}$ vom Radius Null; er hat demnach
mit der Kurve k statt eines Punktpaares $\mathfrak{P}$, A nur den Punkt $\mathfrak{P}$ gemein
und ist deshalb der Krümmungskreis der Kurve in ihrem Doppel-
punkte $\mathfrak{P}$. Dasselbe gilt von dem Kreise des zweiten Büschels mit dem
Durchmesser $\mathfrak{P}\mathfrak{M}'$. — Wir wollen die beiden Krümmungskreise der

Kurve k in $\mathfrak{P}$ nach ihren Durchmessern immer kurz mit (l) und (m) bezeichnen.

In den Gleichungen (21) und (22) bedeutet ϑ' den reziproken Wert des Durchmessers $\mathfrak{d}$ des Wendekreises der Systemlage. Durch $\mathfrak{P}$, $\mathfrak{t}$ und $\mathfrak{d}$ ist nach Art. 43 die Momentanbewegung des Systems für drei unendlich benachbarte Lagen gegeben. Kennt man außerdem die Strecken l und m, so bestimmen die eben genannten Gleichungen die Größen τ' und ϑ'', durch die eine vierte Systemlage definiert wird. **Der Pol $\mathfrak{P}$, die Polkurventangente $\mathfrak{t}$, der Durchmesser $\mathfrak{d}$ des Wendekreises und die Durchmesser l und m der Krümmungskreise der Kreispunktkurve in $\mathfrak{P}$ bilden also ein Äquivalent für vier unendlich nahe Systemlagen.**

Die Mittelpunkte $\mathfrak{H}$ und $\mathfrak{H}'$ von $\mathfrak{P}\mathfrak{L}$ und $\mathfrak{P}\mathfrak{M}'$ entsprechen einander in den ähnlichen Punktreihen $\mathfrak{A}\ldots$ und $\mathfrak{A}'\ldots$ **Darum geht die Kurve k auch durch den Fußpunkt F des Lotes von $\mathfrak{P}$ auf $\mathfrak{H}\mathfrak{H}'$.**

Die Verbindungslinien entsprechender Punkte der Punktreihen $\mathfrak{A}\ldots$ und $\mathfrak{A}'\ldots$ umhüllen eine Parabel, die $\mathfrak{n}$ in $\mathfrak{L}$ und $\mathfrak{t}$ in $\mathfrak{M}'$ berührt. **Die Kurve k ist also die Fußpunktkurve dieser Parabel für $\mathfrak{P}$ als Lotpunkt.**

***50.** Da die einander entsprechenden Kreise der durch die Gleichungen (24) und (25) dargestellten Büschel sich nicht nur in $\mathfrak{P}$ und einem zweiten reellen Punkte schneiden, sondern außerdem die imaginären Kreispunkte miteinander gemein haben, so enthält die Kurve k auch diese Punkte, sie ist also eine **zirkulare** Kurve dritter Ordnung.

Dasselbe ergibt sich auch sofort aus Gleichung (23). Setzt man hier

$$y - \eta = i\,(x - \xi),$$

wo $i = \sqrt{-1}$ ist, so erhält man für die Schnittpunkte der Geraden, die den Punkt (ξ, η) mit einem der imaginären Kreispunkte verbindet, eine Gleichung zweiten Grades in x; dabei lautet der Faktor von x^2

$$2\,(m\xi - l\eta) + i\,(2l\xi + 2m\eta - lm).$$

Dieser verschwindet, wenn

$$m\xi - l\eta = 0$$

und zugleich

$$l\xi + m\eta = \frac{lm}{2}$$

ist, d. h. für

$$\xi = \frac{l^2 m}{2\,(l^2 + m^2)}, \qquad \eta = \frac{l m^2}{2\,(l^2 + m^2)}.$$

Das sind aber die Koordinaten des vorher mit F bezeichneten Punktes der Kurve k, also des Fußpunktes des von $\mathfrak{P}$ auf $\mathfrak{H}\mathfrak{H}'$ gefällten

Lotes. In dem rechtwinkligen Dreieck $\mathfrak{P}\mathfrak{H}\mathfrak{H}'$ ist nämlich die Höhe
$$\mathfrak{P}F = \frac{lm}{2\sqrt{l^2 + m^2}}\ ;$$ verstehen wir also unter e und e' die Abstände des
Punktes F von $\mathfrak{t}$ und $\mathfrak{n}$, so verhält sich

$$e : e' : \mathfrak{P}F = \mathfrak{P}\mathfrak{H}' : \mathfrak{P}\mathfrak{H} : \mathfrak{H}\mathfrak{H}'$$

$$= \frac{m}{2} : \frac{l}{2} : \frac{\sqrt{l^2 + m^2}}{2},$$

mithin ist $e = \eta$ und $e' = \xi$.

Die Verbindungslinien des Punktes F mit den imaginären Kreispunkten berühren also die Kurve k in diesen Punkten, d. h. F ist
das Fokalzentrum der Kurve. Die Kurve k ist demnach eine
zirkulare Kurve dritter Ordnung von der besonderen Beschaffenheit,
daß ihr Fokalzentrum auf der Kurve selbst liegt, also eine Fokalkurve dritter Ordnung mit einem Doppelpunkte in $\mathfrak{P}$.

Aus Gleichung (23) ergibt sich, daß die Gerade

$$m\,x + l\,y = 0,$$

die wir mit f bezeichnen wollen, zur reellen Asymptote der Kurve k
parallel ist. Ferner hat die Gerade $\mathfrak{P}F$ die Gleichung

$$\frac{x}{y} = \frac{\xi}{\eta} = \frac{l}{m}$$

oder

$$m\,x - l\,y = 0.$$

Die Gerade f liegt also symmetrisch zu $\mathfrak{P}F$ in bezug auf $\mathfrak{t}$.
Sie heißt die Fokalachse der Kurve k.

Die Kurve k ist das Erzeugnis eines Büschels von Kreisen,
die sich in $\mathfrak{P}$ berühren und deren Mittelpunkte auf der
Fokalachse f liegen, und eines ihm projektiven Strahlen-
büschels, dessen Strahlen aus dem Fokalzentrum F durch
die Mittelpunkte der entsprechenden Kreise gehen. Be-
deutet nämlich σ einen beliebigen Faktor, so sind $x = \sigma l$, $y = -\sigma m$
die Koordinaten irgendeines Punktes $\mathfrak{O}$ von f. Dann lautet die Gleichung des Kreises um $\mathfrak{O}$, der durch $\mathfrak{P}$ geht,

$$x^2 + y^2 - 2\sigma(lx - my) = 0,$$

und die Gleichung der Geraden $F\mathfrak{O}$ ist

$$lm\,(m\,x - l\,y) + 2\,\sigma\,[(l^2 + m^2)\,(m\,x + l\,y) - l^2 m^2] = 0,$$

denn ihr genügen die Koordinaten sowohl von F als auch von $\mathfrak{O}$. Aus
den beiden letzten Gleichungen ergibt sich aber durch Elimination

von 2σ die Gleichung (23) der Kurve k. — Der soeben bewiesene Satz liefert die **Konstruktion der Kurve k aus** $\mathfrak{P}$, F und f.

Um noch die reelle Asymptote der Kurve k zu ermitteln, betrachten wir zunächst irgendeine durch den beliebigen Punkt (x_1, y_1) gehende Gerade g, die zur Fokalachse f parallel ist; sie hat die Gleichung

$$m(x - x_1) + l(y - y_1) = 0.$$

Für die im Endlichen liegenden Schnittpunkte von g mit k ergibt sich aus Gleichung (23)

$$(x^2 + y^2)(m x_1 + l y_1) - l m x y = 0.$$

Ziehen wir nun die Gerade g insbesondere durch den Punkt G, der zu F in bezug auf $\mathfrak{P}$ symmetrisch liegt, und verstehen wir unter ξ, η wieder die Koordinaten von F, so ist $x_1 = -\xi$ und $y_1 = -\eta$, also $m x_1 + l y_1 = -\dfrac{l^2 m^2}{l^2 + m^2}$, und dann verwandelt sich die vorige Gleichung in

$$l m (x^2 + y^2) + (l^2 + m^2) x y = 0$$

oder

$$(l x + m y)(m x + l y) = 0.$$

Von den drei Schnittpunkten der Geraden g mit k liegt also jetzt der eine auf der Geraden $l x + m y = 0$, d. h. auf der Parallelen durch $\mathfrak{P}$ zu $\mathfrak{L}\mathfrak{M}'$, und die beiden andern fallen mit dem reellen unendlich fernen Punkte von k zusammen. Die durch G gelegte Parallele zu f ist mithin die reelle Asymptote von k. **Die Fokalachse f halbiert demnach den Abstand zwischen dem Fokalzentrum F und der reellen Asymptote.**

***51.** Wir fragen weiter nach dem **Ort der Krümmungsmittelpunkte der Bahnstellen, die von den Punkten der Kreispunktkurve k momentan durchlaufen werden**, das ist also die Kurve $\varkappa$, die in der quadratischen Verwandtschaft der Systeme S und Σ der Kurve k entspricht (Art. *47). Wenn sich nun der Punkt A von S in vier unendlich benachbarten Lagen auf einem Kreise um den Mittelpunkt A befindet, so beschreibt der Punkt A des Systems Σ in der Ebene S gleichzeitig eine Bahnstelle mit vierpunktig berührendem Krümmungskreise um A; **die Kurve $\varkappa$ ist daher die Kreispunktkurve der umgekehrten Bewegung.** Da sich die Ebene Σ gegen S um denselben Winkel, aber in entgegengesetztem Sinne dreht, wie S gegen Σ, so erhalten wir die Gleichung der Kurve $\varkappa$ aus der Gleichung (20) der Kurve k, wenn wir $d\vartheta$ durch $-d\vartheta$ ersetzen; außerdem tritt an die Stelle des Winkels $d\tau$ der Kontingenzwinkel der Polkurve p in P. Das Element PQ von p fällt aber nach einer Drehung um $\mathfrak{P}$

durch den Winkel $d\vartheta$ mit dem Element $\mathfrak{P}\Omega$ von π zusammen, und dieses bildet mit der Verlängerung des vorhergehenden Elements, das π und p augenblicklich miteinander gemein haben, den Winkel $d\tau$, mithin ist der Kontingenzwinkel von p in P gleich $d\vartheta + d\tau$ (Abb. 55). Vertauschen wir demnach in (20) die Größen ϑ', ϑ'' und τ' bzw. mit $-\vartheta'$, $-\vartheta''$ und $\vartheta' + \tau'$ und

schreiben noch ϱ für r, so ergibt sich als Gleichung der Kurve $\varkappa$

$$\varrho\left[\vartheta'(\tau' - \vartheta')\cos\varphi + \vartheta''\sin\varphi\right] - 3\vartheta'\sin\varphi\cos\varphi = 0. \qquad (27)$$

Die Kurve $\varkappa$ ist demnach ebenfalls eine Fokalkurve dritter Ordnung mit einem Doppelpunkte in $\mathfrak{P}$ und t und n als Tangenten.

Bedienen wir uns wieder der schon früher benutzten Bezeichnung

$$\frac{3\vartheta'}{\vartheta''} = m \qquad (22)$$

und setzen wir außerdem

$$\frac{3}{\tau' - \vartheta'} = l_*, \qquad (28)$$

so folgt aus dem über die Kurve k bereits Gesagten, daß m und l_* die Durchmesser der Krümmungskreise der Kurve $\varkappa$ in $\mathfrak{P}$ sind; der erste dieser Kreise ist auch der Krümmungskreis (m) von k. Bedeutet $\mathfrak{L}_*$ den Schnittpunkt von n mit dem Krümmungskreise (l_*) und verstehen wir wie vorher unter $\mathfrak{L}$ den Schnittpunkt von n mit dem Kreise (l), unter W den Wendepol der Systemlage, so folgt aus den Gleichungen (21) und (28) die Beziehung

$$\frac{1}{l} - \frac{1}{l_*} = \vartheta'$$

oder

$$\frac{1}{\mathfrak{P}\mathfrak{L}} - \frac{1}{\mathfrak{P}\mathfrak{L}_*} = \frac{1}{\mathfrak{P}W}; \qquad (29)$$

die Krümmungskreise (l) und (l_*) der Kurven k und $\varkappa$ entsprechen also einander in der quadratischen Verwandtschaft der Systeme S und Σ — wie in Abb. 46 die Kreise mit den Durchmessern $\mathfrak{P}A$ und $\mathfrak{P}\mathrm{A}$.

***52.** In Abb. 56 sind vier unendlich benachbarte Systemlagen durch den Pol $\mathfrak{P}$, den Wendepol W und die Durchmesserendpunkte $\mathfrak{L}$ und $\mathfrak{M}'$ der Krümmungskreise (l) und (m) der Kurve k gegeben. Aus $\mathfrak{L}$ und $\mathfrak{M}'$ ist das Fokalzentrum F und die Fokalachse f von k und hieraus die Kurve k selbst in bekannter Weise konstruiert worden. Gleichzeitig ist auch die Kurve $\varkappa$ bestimmt. Aus Gleichung (29) folgt nämlich — ebenso wie in Art. 33 die Formel (12) —

$$\mathfrak{L}\,\mathfrak{P}^2 = \mathfrak{L}\,\mathfrak{L}_* \cdot \mathfrak{L}\,W.$$

Ziehen wir daher durch W und $\mathfrak{P}$ in beliebiger Richtung, z. B. senkrecht zu $\mathfrak{n}$, zwei Parallelen, die eine durch $\mathfrak{L}$ beliebig gelegte Gerade bzw. in $\mathfrak{Z}$ und $\mathfrak{Z}_*$ schneiden, so liegt $\mathfrak{L}_*$ auf der Parallelen durch $\mathfrak{Z}_*$ zu $\mathfrak{P}\mathfrak{Z}$. Dann ist das Fokalzentrum E von $\varkappa$ der Mittelpunkt des von $\mathfrak{P}$ auf $\mathfrak{L}_* \mathfrak{M}'$ gefällten Lotes, und die zugehörige Fokalachse ε liegt symmetrisch zu $\mathfrak{P}E$ in bezug auf $\mathfrak{P}\mathfrak{M}'$.

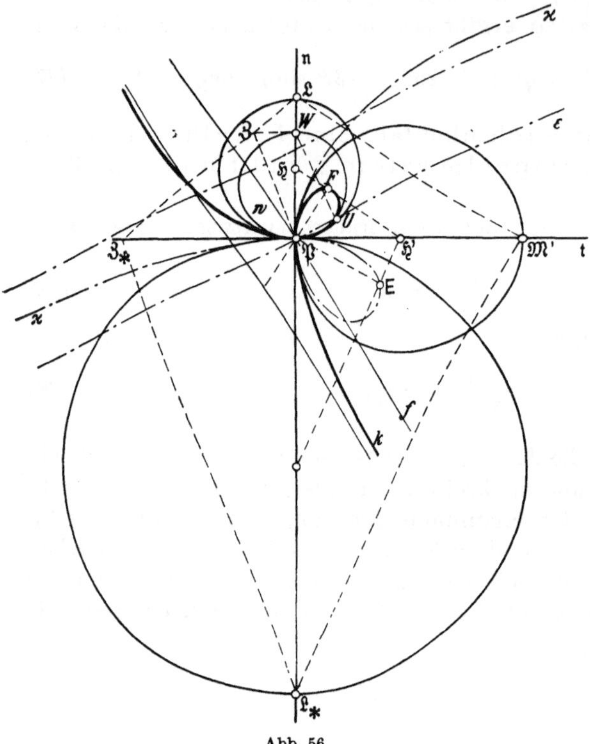

Abb. 56.

*53. Da drei unendlich benachbarte Systemlagen ganz allgemein durch zwei Paare entsprechender Krümmungsmittelpunkte A, A und B, B definiert sind, so können wir vier solcher Lagen auch dadurch bestimmen, daß wir außerdem noch die Krümmungsmittelpunkte A_1 und B_1 der Evoluten der Bahnkurven vorschreiben, die von den Punkten A und B durchlaufen werden; dabei sind $A A_1$ und $B B_1$ bzw. senkrecht auf AA und BB. Dann entsteht die Aufgabe, die Bestimmungsstücke der Kreispunktkurven k und $\varkappa$ aus diesen Daten zu ermitteln[1].

Wesentlich einfacher gestaltet sich aber die Lösung, wenn wir uns hier auf den Fall beschränken, daß jeder der Punkte A und B momentan eine Bahnstelle mit vierpunktig berührendem Krümmungskreise beschreibt, also selbst der Kurve k angehört — eine Annahme, die z. B.

---

[1] Vgl. R. Müller: Über die Krümmung der Bahnevoluten bei starren ebenen Systemen, Zeitschr. f. Math. u. Phys., 36. Jahrg. (1891) S. 193, und Konstruktion der Krümmungsmittelpunkte der Hüllbahnevoluten bei starren ebenen Systemen, daselbst S. 257.

beim Kurbelgetriebe zutrifft (Abb. 57)[1]. Nach Art. **44** ergibt sich zuerst der Wendepol W mit den Geraden $\mathfrak{n}$ und $\mathfrak{t}$. Ermitteln wir jetzt die Schnittpunkte $\mathfrak{A}, \mathfrak{A}'$ und $\mathfrak{B}, \mathfrak{B}'$ der in A und B auf $\mathfrak{P}A$ und $\mathfrak{P}B$ errichteten Lote bzw. mit $\mathfrak{n}$ und $\mathfrak{t}$ und hierauf die Eckpunkte $\mathfrak{A}'', \mathfrak{B}''$

der durch $\mathfrak{A}, \mathfrak{P}, \mathfrak{A}'$ und $\mathfrak{B}, \mathfrak{P}, \mathfrak{B}'$ bestimmten Rechtecke, so trifft die Verbindungslinie $\mathfrak{A}''\mathfrak{B}''$ die Geraden $\mathfrak{n}$ und $\mathfrak{t}$ bzw. in den Punkten $\mathfrak{L}$ und $\mathfrak{M}'$, die zur Bestimmung von k und $\varkappa$ nach dem Vorhergehenden ausreichen.

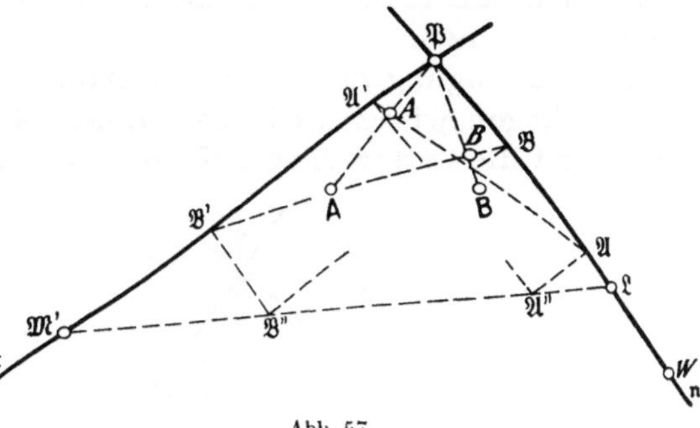

Abb. 57.

***54.** Der **Ballsche Punkt** U, der momentan eine Bahnstelle mit vierpunktig berührender Tangente beschreibt, gehört sowohl der Kreispunktkurve k als auch dem Wendekreise w der Systemlage an; seine Koordinaten r_U, φ_U genügen also der Gleichung (20) von k und der Gleichung des Wendekreises

$$r\,\vartheta' - \sin\varphi = 0,$$

die sich aus der Gleichung (16) des Art. *48 für $\mathfrak{r} = \infty$ ergibt — oder auch aus der Gleichung (14) des Art. 41 wegen $\mathfrak{d} = \dfrac{1}{\vartheta'}$. Setzen wir in (20) $r = \dfrac{\sin\varphi}{\vartheta'}$, so folgt für den Punkt U

$$\operatorname{tg}\varphi_U = -\,\frac{\vartheta'(\tau' - \vartheta')}{\vartheta''}$$

oder nach Gleichung (22) und (28) (Art. *51)

$$\operatorname{tg}\varphi_U = -\,\frac{m}{l_*}. \tag{30}$$

Nun ist

$$m\,x + l\,y = 0$$

nach Art. *50 die Gleichung der Fokalachse der **Kreispunktkurve** k; für die Kreispunktkurve $\varkappa$ der umgekehrten Bewegung lautet also die entsprechende Gleichung

$$m\,x + l_*\,y = 0.$$

Der **Ballsche Punkt** U liegt demnach auf der **Fokalachse** ε der **Kurve** $\varkappa$; er ist der **Fußpunkt** des vom Wendepol W auf ε ge-

---

[1] Die Daten der Abb. 57 und 58 sind dieselben wie in Abb. 50.

fällten Lotes (Abb. 56). Dieses Ergebnis ist geometrisch selbstverständlich, denn dem Systempunkt U entspricht als Krümmungsmittelpunkt seiner Bahn der reelle unendlich ferne Punkt von $\varkappa$, seine Bahnnormale ist also die Gerade ε. — Von den fünf übrigen Schnittpunkten von k und w fallen drei mit $\mathfrak{P}$ und zwei mit den imaginären Kreispunkten zusammen.

Ist die Bewegung des Systems in Abb. 58 für vier unendlich benachbarte Lagen wieder durch zwei Punkte A und B der Kreispunktkurve k und die entsprechenden Krümmungsmittelpunkte A und B —

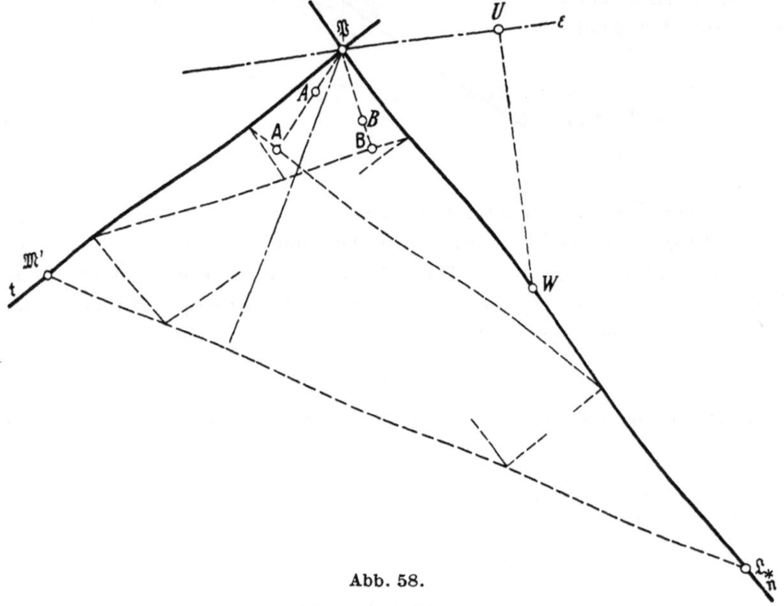

Abb. 58.

oder in ihrem ganzen Verlauf durch das Gelenkviereck A B B A — gegeben und sind $W, \mathfrak{n}$ und $\mathfrak{t}$ bereits in bekannter Weise gefunden, so erhalten wir den Punkt U am einfachsten, indem wir die Fokalachse ε direkt, d. h. unabhängig von der Kurve k, konstruieren. Zu dem Zwecke ziehen wir durch die Schnittpunkte von $\mathfrak{n}$ und $\mathfrak{t}$ mit den in A und B zu $\mathfrak{P}$A und $\mathfrak{P}$B errichteten Loten Parallelen zu $\mathfrak{t}$ und $\mathfrak{n}$. Die Verbindungslinie der dem Punkte $\mathfrak{P}$ gegenüberliegenden Ecken der so entstehenden Rechtecke trifft die Geraden $\mathfrak{n}$ und $\mathfrak{t}$ in den früher mit $\mathfrak{L}_*$ und $\mathfrak{M}'$ bezeichneten Punkten der Krümmungskreise (l_*) und (m) der Kurve $\varkappa$. Dann liegt ε in bezug auf $\mathfrak{t}$ symmetrisch zu dem Lote von $\mathfrak{P}$ auf $\mathfrak{L}_* \mathfrak{M}'$, und $W U$ ist senkrecht auf ε [1].

---

[1] Eine andere Lösung derselben Aufgabe befindet sich bei R. Müller: Beiträge zur Theorie des ebenen Gelenkvierecks, Z. Math. Phys. 42 (1897) S. 257.

***55. Die Krümmungsmittelpunkte der Polkurven.** Bezeichnen wir die Krümmungsmittelpunkte der Polkurven π und p im Punkte $\mathfrak{P}$ wie früher mit M und M, so ist, da die Kontingenzwinkel beider Kurven in $\mathfrak{P}$ bzw. gleich $d\tau$ und $d\vartheta + d\tau$ sind,

$$\mathfrak{P}\mathsf{M} = \frac{d\mathfrak{z}}{d\tau} = \frac{1}{\tau'}$$

und

$$\mathfrak{P}M = \frac{d\mathfrak{z}}{d\vartheta + d\tau} = \frac{1}{\vartheta' + \tau'} \cdot$$

Aus den Gleichungen (21) und (28) folgt aber

$$\frac{1}{l} = \frac{2\vartheta' + \tau'}{3}$$

und

$$\frac{1}{l_*} = \frac{\tau' - \vartheta'}{3},$$

mithin ist

$$\frac{1}{l} + \frac{2}{l_*} = \tau' = \frac{1}{\mathfrak{P}\mathsf{M}}$$

und

$$\frac{2}{l} + \frac{1}{l_*} = \vartheta' + \tau' = \frac{1}{\mathfrak{P}M} \cdot$$

Machen wir demnach in Abb. 59 auf der Polkurvennormale $\mathfrak{n}$ $\mathfrak{P}\mathfrak{N} = -\mathfrak{P}\mathfrak{L}$ und $\mathfrak{P}\mathfrak{N}_* = -\mathfrak{P}\mathfrak{L}_*$, so wird

$$\frac{2}{\mathfrak{P}\mathfrak{L}_*} = \frac{1}{\mathfrak{P}\mathfrak{N}} + \frac{1}{\mathfrak{P}\mathsf{M}}$$

und

$$\frac{2}{\mathfrak{P}\mathfrak{L}} = \frac{1}{\mathfrak{P}\mathfrak{N}_*} + \frac{1}{\mathfrak{P}M} \cdot$$

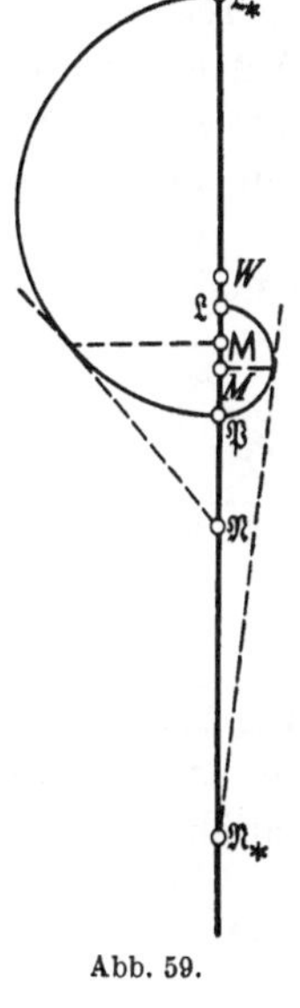

Abb. 59.

Der Krümmungsmittelpunkt M ist also der vierte harmonische Punkt zu $\mathfrak{P}, \mathfrak{L}_*$ und $\mathfrak{N}$, und M ist der vierte harmonische Punkt zu $\mathfrak{P}, \mathfrak{L}$ und $\mathfrak{N}_*$. Die Punkte M und M sind folglich durch den Pol $\mathfrak{P}$ und die Durchmesserendpunkte $\mathfrak{L}$ und $\mathfrak{L}_*$ der Krümmungskreise (l) und (l_*) der Kreispunktkurven k und $\varkappa$, oder, was auf dasselbe hinauskommt, durch $\mathfrak{P}$, den Wendepol W und den Punkt $\mathfrak{L}$ gegeben. — Da

$$\frac{1}{\mathfrak{P}\mathfrak{N}_*} - \frac{1}{\mathfrak{P}\mathfrak{N}} = \frac{1}{\mathfrak{P}\mathfrak{L}} - \frac{1}{\mathfrak{P}\mathfrak{L}_*}$$

ist, so entsprechen die Punkte $\mathfrak{N}_*$ und $\mathfrak{N}$ einander in der durch $\mathfrak{P}$ und W bestimmten quadratischen Verwandtschaft, ebenso wie $\mathfrak{L}$ und $\mathfrak{L}_*$ und wie M und M[1].

---

[1] Die in **Burmesters** Kinematik auf S. 106 mitgeteilte Konstruktion der Krümmungsmittelpunkte der Polkurven aus zwei Paaren entsprechender Krümmungsmittelpunkte, die in andrer Weise zuerst von **Grübler** abgeleitet wurde, gilt selbstverständlich nur — was aber beide Autoren nicht erwähnen — für den Fall, daß es sich um Systempunkte mit vierpunktig berührenden Krümmungskreisen handelt.

*Der Pol als Systempunkt.

*56. Die in Art. 21 abgeleiteten Formeln für die Krümmungsmittelpunkte der Bahnen galten nicht für die Bahnkurve des Systempunktes P, der mit dem Pole $\mathfrak{P}$ augenblicklich zusammenfällt. Um auch für den Punkt P den zugehörigen Krümmungsmittelpunkt zu bestimmen, wollen wir annehmen, das System gelange aus seiner Anfangslage S in die aufeinanderfolgenden Lagen S', S'', S'''... infolge unendlich kleiner Drehungen um die Pole $\mathfrak{P}, \mathfrak{Q}, \mathfrak{R}$... bzw. durch die Winkel $d\vartheta$, $d\vartheta + d^2\vartheta$, $d\vartheta + 2d^2\vartheta + d^3\vartheta$... Dabei dürfen wir die Elemente $\mathfrak{P}\mathfrak{Q}, \mathfrak{Q}\mathfrak{R}$... der Polkurve π wieder als gleich lang, nämlich gleich $d\mathfrak{s}$ voraussetzen. Bei der ersten Drehung bleibt der

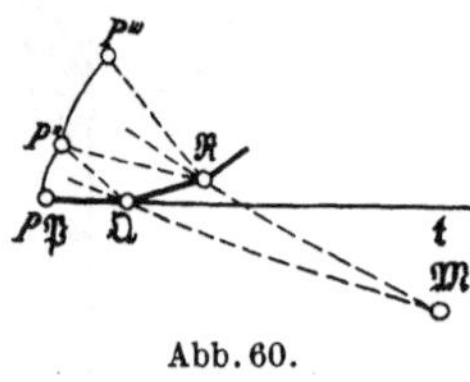
Abb. 60.

Punkt P fest, und durch die folgenden kommt er nach P'', P'''... (Abb. 60). Dann fällt der Schnittpunkt $\mathfrak{M}$ der Halbierungslinien der Winkel $\mathfrak{P}\mathfrak{Q}P''$ und $P''\mathfrak{R}P'''$ beim Grenzübergang mit dem Krümmungsmittelpunkte der Bahnkurve des Punktes P an der Stelle $\mathfrak{P}$ zusammen. Bezeichnen wir den Kontingenzwinkel der Kurve π in $\mathfrak{P}$ wie früher mit $d\tau$, also den entsprechenden Winkel bei $\mathfrak{Q}$ mit $d\tau + d^2\tau$, so ist $\angle\, \mathfrak{P}\mathfrak{Q}P'' = d\vartheta + d^2\vartheta$ und $\angle\, P''\mathfrak{R}P''' = d\vartheta + 2d^2\vartheta + d^3\vartheta$, mithin

$$\angle\, \mathfrak{Q}\mathfrak{R}P'' = \tfrac{1}{2}\,(d\vartheta + d^2\vartheta + d\tau + d^2\tau)$$

und

$$\angle\, \mathfrak{R}\mathfrak{Q}\mathfrak{M} = d\tau + d^2\tau + \tfrac{1}{2}\,(d\vartheta + d^2\vartheta),$$

folglich unter Vernachlässigung einer unendlich kleinen Größe dritter Ordnung $\angle\, \mathfrak{Q}\mathfrak{M}\mathfrak{R} = \tfrac{1}{2}\,(d\vartheta + d^2\vartheta + d\tau + d^2\tau) + \tfrac{1}{2}\,(d\vartheta + 2d^2\vartheta) - \angle\, \mathfrak{R}\mathfrak{Q}\mathfrak{M}$ $= \tfrac{1}{2}\,(d\vartheta + 2d^2\vartheta - d\tau - d^2\tau)$. Demnach ergibt sich aus dem Dreieck $\mathfrak{Q}\mathfrak{R}\mathfrak{M}$

$$\mathfrak{R}\mathfrak{M} = \mathfrak{Q}\mathfrak{R} \cdot \frac{\sin \mathfrak{R}\mathfrak{Q}\mathfrak{M}}{\sin \mathfrak{Q}\mathfrak{M}\mathfrak{R}} = d\mathfrak{s} \cdot \frac{d\vartheta + 2d\tau + d^2\vartheta + 2d^2\tau}{d\vartheta - d\tau + 2d^2\vartheta - d^2\tau}\,,$$

d. h. $\mathfrak{R}\mathfrak{M} = 0$, wenn nicht $d\vartheta = d\tau$ ist. Die Strecke $\mathfrak{R}\mathfrak{M}$ verwandelt sich aber beim Grenzübergang in den Krümmungsradius der Bahnkurve des Punktes P in $\mathfrak{P}$, wir erhalten daher den Satz: **Der mit dem Pole $\mathfrak{P}$ zusammenfallende Systempunkt beschreibt im allgemeinen einen Rückkehrpunkt seiner Bahn vom Krümmungsradius Null.** — Die zugehörige Bahntangente steht senkrecht auf der Tangente t der Polkurven in $\mathfrak{P}$ (Art. 15).

*57. **Ausnahmefälle.** I. Für $d\vartheta = d\tau$ wird der Krümmungsradius

$$\mathfrak{R}\mathfrak{M} = \frac{3\,d\mathfrak{s}\,d\vartheta}{2\,d^2\vartheta - d^2\tau} = \frac{3\,\vartheta'}{2\,\vartheta'' - \tau''}\,;$$

er ist demnach im allgemeinen endlich und nicht gleich Null. Dieser Fall ereignet sich bekanntlich niemals bei einer gewöhnlichen Spitze, bei der die beiden Zweige der Bahnkurve auf verschiedenen Seiten der Tangente liegen, wohl aber bei einer Schnabelspitze, wenn also die beiden Kurvenzweige sich auf derselben Seite der Tangente befinden. Dann sind nach Art. *55 die Krümmungsradien der Polkurven π und p

$\mathfrak{P}\mathsf{M} = \dfrac{1}{\vartheta}$ und $\mathfrak{P}M = \dfrac{1}{2\,\vartheta}$, mithin ist $\mathfrak{P}\mathsf{M} = 2 \cdot \mathfrak{P}M$. Ist also der Krümmungsradius der festen Polkurve in $\mathfrak{P}$ doppelt so groß wie der der beweglichen, so beschreibt der Systempunkt P im allgemeinen eine Schnabelspitze von endlichem, nicht verschwindendem Krümmungsradius. Der zugehörige Krümmungsmittelpunkt $\mathfrak{M}$ liegt auf der Polkurventangente t. — Jetzt wird der Wendekreis zum Krümmungskreise der Kreispunktkurve k in $\mathfrak{P}$, der Ballsche Punkt fällt also mit dem Punkte P zusammen, und die Kreispunktkurve $\varkappa$ der umgekehrten Bewegung zerfällt in die Gerade t und den Krümmungskreis (m). — Wie wir nur beiläufig erwähnen wollen, tritt dieser Sonderfall beim Kurbelgetriebe für solche Koppellagen ein, bei denen die Verbindungslinie des Pols mit dem Schnittpunkte der Koppel und des festen Gliedes auf diesem Glied senkrecht steht[1]. Wenn ferner bei einem Kurbelgetriebe der Arm $A\,A$ auf die Koppel $A\,B$ oder in

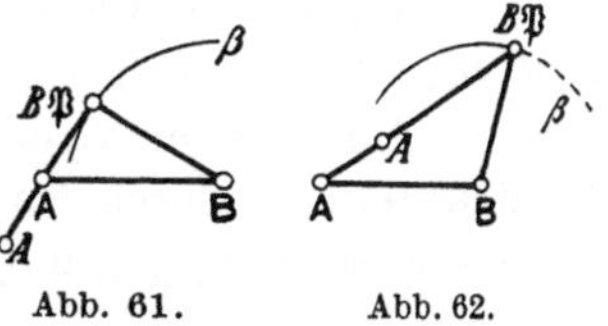

Abb. 61.   Abb. 62.

deren Verlängerung fällt, so befindet sich der Koppelendpunkt B auf seinem Bahnkreise β in einem Umkehrpunkte und die Koppel in einer Totlage[2] (Abb. 61 und 62). Dann fällt der Pol $\mathfrak{P}$ mit B zusammen, er beschreibt also als Systempunkt gewissermaßen auch einen Schnabel mit endlichem Krümmungsradius $B\mathsf{B}$.

II. Ist wieder $d\vartheta = d\tau$, aber außerdem $2\,d^2\vartheta = d^2\tau$, so wird $\mathfrak{R}\mathfrak{M} = \infty$, und der Systempunkt P erzeugt einen Rückkehrpunkt mit unendlich großem Krümmungsradius. Dieser Fall ereignet sich z. B. bei der in Art. 19 behandelten elliptischen Bewegung, die durch das Rollen eines Kreises in einem doppelt so großen Kreise entsteht; dann sind nämlich $d^2\vartheta$ und $d^2\tau = 0$. Hier beschreibt der Punkt P hin- und hergehend einen Durchmesser des festen Kreises und befindet sich, wenn er zum Pol wird, gerade im Endpunkte dieser Strecke.

Wie zu Anfang dieses Kapitels bereits hervorgehoben wurde, haben wir bei der Untersuchung der Momentanbewegung des Systems in der Hauptsache nur den gewöhnlich vorliegenden Fall behandelt, daß der Pol sich im Endlichen befindet, und haben weiter vorausgesetzt, daß

---

[1] R. Müller: Beiträge zur Theorie des ebenen Gelenkvierecks, Z. Math. Phys. **42** (1897) S. 269.
[2] Vgl. Art. 78.

weder $d\mathfrak{s}$ noch $d\vartheta$ gleich Null ist. Damit ist z. B. der Fall ausgeschlossen worden, daß die Polkurven einander im augenblicklichen Pol in höherer als in der ersten Ordnung berühren. Eine allgemeine Untersuchung aller überhaupt möglichen Fälle würde hier viel zu weit führen; wir verweisen in dieser Beziehung auf die grundlegende Arbeit von R. Mehmke: Über die Bewegung eines starren ebenen Systems in seiner Ebene, Z. Math. Phys. 35 (1890) S. 1 und 65.

Drittes Kapitel.

Von den gegenseitigen Bewegungen mehrerer ebenen Systeme.

58. In der festen Ebene, die wir jetzt nicht mehr mit Σ, sondern mit S_1 bezeichnen wollen, bewege sich die Ebene S_2 und in dieser die Ebene S_3. Das System S_2 drehe sich momentan gegen S_1 um den Pol $\mathfrak{P}_{12}$ im Zeitelement dt durch den unendlich kleinen Winkel $d\vartheta_{21}$, und gleichzeitig drehe sich S_3 gegen S_2 um den Pol $\mathfrak{P}_{23}$ durch den Winkel $d\vartheta_{32}$. Dann sind $\omega_{21} = \dfrac{d\vartheta_{21}}{dt}$ und $\omega_{32} = \dfrac{d\vartheta_{32}}{dt}$ die Winkelgeschwindigkeiten der beiden Drehungen — dagegen würde ω_{12} die Winkelgeschwindigkeit der umgekehrten Bewegung von S_1 gegen S_2 bedeuten, wäre also gleich $-\omega_{21}$. Nunmehr entsteht die Aufgabe, für die resultierende Bewegung, die das System S_3 gegen S_1 ausführt, aus $\mathfrak{P}_{12}$, $\mathfrak{P}_{23}$, ω_{21} und ω_{32} den Pol $\mathfrak{P}_{13}$ und die Winkelgeschwindigkeit ω_{31} zu bestimmen.

Ein beliebiger Punkt A_3 von S_3 bewegt sich momentan gegen S_1 in einer Richtung, die auf dem Polstrahl $A_3\mathfrak{P}_{13}$ senkrecht steht, und der Punkt von S_2, der augenblicklich mit A_3 zusammenfällt, bewegt sich gegen S_1 senkrecht zu $A_3\mathfrak{P}_{12}$. Ersetzen wir jedoch A_3 durch den Punkt $\mathfrak{P}_{23}$ von S_3, der sich gegen S_2 momentan in Ruhe befindet, so bewegt sich dieser Punkt gegen S_1, gleichgültig, ob wir ihn zu S_3 oder zu S_2 rechnen, jedesmal in derselben Richtung; die Lote, die in $\mathfrak{P}_{23}$ zu $\mathfrak{P}_{23}\mathfrak{P}_{13}$ und zu $\mathfrak{P}_{23}\mathfrak{P}_{12}$ errichtet werden, müssen also miteinander zusammenfallen. Daraus folgt aber, daß die Strecken $\mathfrak{P}_{23}\mathfrak{P}_{13}$ und $\mathfrak{P}_{23}\mathfrak{P}_{12}$ eine einzige Gerade bilden, und wir erhalten somit den Satz: Die drei momentanen Pole dreier ebenen Systeme liegen stets in *einer* Geraden.

59. In den Abb. 63a und 63b lassen wir die feste Ebene S_1 wie immer mit der Ebene der Zeichnung zusammenfallen. Auf ihr liegt die Ebene S_2, die mit S_1 während des Zeitelements dt im Pole $\mathfrak{P}_{12}$ — gewissermaßen durch eine Achse, die auf S_1 senkrecht steht — drehbar verbunden ist, und zu oberst die Ebene S_3. In dieser denken wir uns den Punkt markiert, dessen Anfangslage sich mit $\mathfrak{P}_{12}$ deckt; ebenso markieren wir in S_1 die Anfangslage des Punktes $\mathfrak{P}_{23}$, in dem S_2 und S_3 momentan zusammengeschlossen sind. Die der Ebene S_2 angehörende Strecke $\mathfrak{P}_{12}\mathfrak{P}_{23}$ wollen wir kurz mit g_2 bezeichnen und die mit ihr sich deckenden Strecken von S_1 und S_3 bzw. mit g_1 und g_3. Durch die Drehung $d\vartheta_{21}$ um $\mathfrak{P}_{12}$ kommen g_2 und g_3 vereinigt in die Lage $\mathfrak{P}_{12}\mathfrak{P}'_{23}$; die weitere Drehung $d\vartheta_{32}$ um $\mathfrak{P}'_{23}$ bringt g_3 in die Lage $\mathfrak{P}'_{12}\mathfrak{P}'_{23}$, und

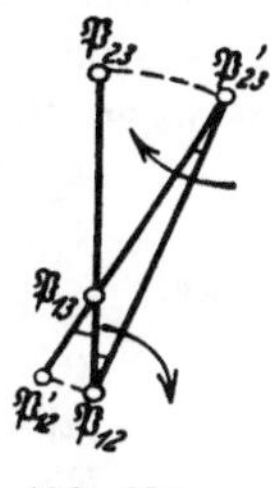

Abb. 63 a.

diese bildet mit $\mathfrak{P}_{12}\mathfrak{P}_{23}$ den Winkel $d\vartheta_{31}$, um den sich das System S_3 im Ganzen gedreht hat. Der Schnittpunkt der genannten Geraden fällt beim Grenzübergang

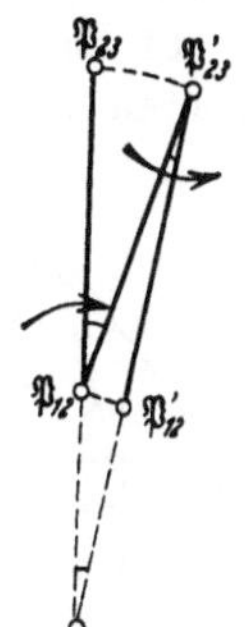

Abb. 63 b.

mit dem Pole $\mathfrak{P}_{13}$ zusammen. Dann ergibt sich aus dem Dreieck $\mathfrak{P}_{12}\mathfrak{P}'_{23}\mathfrak{P}_{13}$, wenn die Drehungen $d\vartheta_{21}$ und $d\vartheta_{32}$, wie in Abb. 63 a, in gleichem Sinne erfolgen,

$$d\vartheta_{31} = d\vartheta_{21} + d\vartheta_{32},$$

und wenn diese Drehungen wie in Abb. 63 b entgegengesetzten Sinn haben,

$$d\vartheta_{31} = d\vartheta_{21} - d\vartheta_{32}.$$

Dividieren wir auf beiden Seiten dieser Gleichungen durch dt, so folgt

$$\omega_{31} = \omega_{21} \pm \omega_{32},$$

in Worten: **Bewegt sich das System S_3 in S_2 und dieses in S_1, so ist die momentane Winkelgeschwindigkeit von S_3 gegen S_1 gleich der algebraischen Summe der Winkelgeschwindigkeiten von S_2 gegen S_1 und von S_3 gegen S_2.**

60. Da der Punkt $\mathfrak{P}_{13}$ bei der Bewegung von S_3 gegen S_1 momentan in Ruhe bleibt, so müssen die Geschwindigkeiten, die ihm durch die Drehungen um $\mathfrak{P}_{12}$ und $\mathfrak{P}_{23}$ erteilt werden und deren absoluter Wert jedesmal das Produkt aus dem Polabstand und der Winkelgeschwindigkeit ist, einander aufheben. Es ist also

$$\overline{\mathfrak{P}_{12}\mathfrak{P}_{13}} \cdot \omega_{21} = -\,\overline{\mathfrak{P}_{23}\mathfrak{P}_{13}} \cdot \omega_{32}$$

oder

$$\frac{\overline{\mathfrak{P}_{12}\mathfrak{P}_{13}}}{\overline{\mathfrak{P}_{23}\mathfrak{P}_{13}}} = -\,\frac{\omega_{32}}{\omega_{21}}.$$

Der Pol der resultierenden Bewegung teilt demnach die

Verbindungsstrecke der beiden Pole $\mathfrak{P}_{12}$ und $\mathfrak{P}_{23}$ im um-gekehrten Verhältnis der Winkelgeschwindigkeiten, die diesen Polen entsprechen, und zwar innerhalb, wenn beide Winkelgeschwindigkeiten dasselbe Vorzeichen haben.

61. In Abb. 64 sind wieder die Pole $\mathfrak{P}_{12}$ und $\mathfrak{P}_{23}$ gegeben, außerdem von einem beliebigen Punkte A_3 des Systems S_3 die Geschwindigkeit

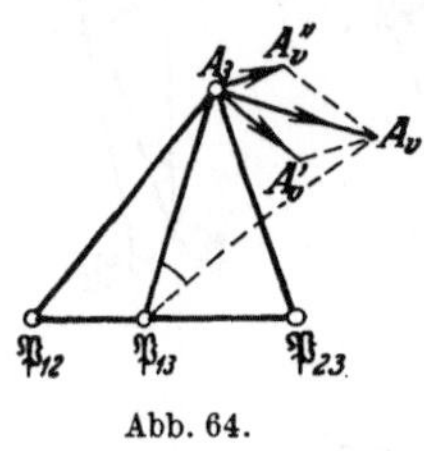

Abb. 64.

$A_3 A_v''$, mit der er sich augenblicklich in der Ebene S_2 bewegt (die relative Geschwindigkeit von A_3, senkrecht zu $\mathfrak{P}_{23} A_3$), sowie die Geschwindig-keit $A_3 A_v'$ des mit A_3 momentan zusammen-fallenden Punktes der Ebene S_2 in bezug auf die Ebene S_1 (die Führungsgeschwindigkeit von A_3, senkrecht zu $\mathfrak{P}_{12} A_3$). Dann ist die resultie-rende Geschwindigkeit des Punktes A_3, die er in bezug auf die Ebene S_1 besitzt, die Diagonale $A_3 A_v$ des aus den Strecken $A_3 A_v'$ und $A_3 A_v''$ gebildeten Parallelogramms (Art. 8). Das in A_3 zu $A_3 A_v$ errichtete Lot schneidet also die Gerade $\mathfrak{P}_{12} \mathfrak{P}_{23}$ im resultierenden Pol $\mathfrak{P}_{13}$, und die resultierende Winkelgeschwindigkeit ω_{31} ist die trigonometrische Tangente des Winkels $A_3 \mathfrak{P}_{13} A_v$ (Art. 9).

Statt der Geschwindigkeiten $A_3 A_v'$ und $A_3 A_v''$ könnte man sich zur Ermittelung des Pols $\mathfrak{P}_{13}$ auch der entsprechenden gedrehten Geschwindigkeiten bedienen, die auf den Polstrahlen $\mathfrak{P}_{12} A_3$ und $\mathfrak{P}_{23} A_3$ liegen (Art. 9). Abb. 65 zeigt die Ausführung dieser Konstruktion. Hier ist für die drei momentan zusammenfallenden Punkte A_1, A_2, A_3 der Ebenen S_1, S_2, S_3 die gemeinsame Bezeichnung A benutzt worden, und $A A_v^{21}$ bedeutet die gedrehte Geschwindigkeit des Punktes A_2 in

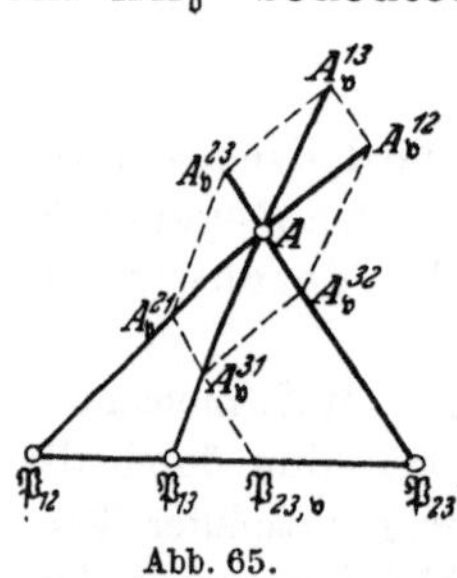

Abb. 65.

bezug auf S_1, ist also gleich der Strecke $A_3 A_v'$ der Abb. 64. — Macht man noch auf dem Pol-strahl $\mathfrak{P}_{12} A$ die Strecke $A A_v^{12} = -A A_v^{21}$, so ist $A A_v^{12}$ die gedrehte Geschwindigkeit des Punktes A_1 in bezug auf die Ebene S_2. Durch Wiederholung dieser Konstruktion auf den übrigen Polstrahlen er-hält man schließlich zu jedem der Punkte A_1, A_2, A_3 zwei gedrehte Geschwindigkeiten in bezug auf die beiden Ebenen, denen er nicht angehört, und davon ist jede die resultierende aus den beiden benach-barten Geschwindigkeiten. Aus einer von ihnen ergeben sich die fünf andern, wenn die drei Pole bekannt sind, durch bloßes Parallelziehen zu den drei Polstrahlen.

Schneidet $A_v^{21} A_v^{31}$ die Gerade $\mathfrak{P}_{12} \mathfrak{P}_{13}$ in $\mathfrak{P}_{23,v}$, so ist $\mathfrak{P}_{23} \mathfrak{P}_{23,v}$ die gedrehte Geschwindigkeit des den Ebenen S_2 und S_3 gemeinsamen Punktes $\mathfrak{P}_{23}$ in bezug auf S_1; denn die Endpunkte der gedrehten Ge-schwindigkeiten der in S_2 liegenden Geraden $A_2 \mathfrak{P}_{23}$ — wie auch der mit ihr sich deckenden Geraden $A_3 \mathfrak{P}_{23}$ der Ebene S_3 — liegen bekanntlich in einer Parallelen zu dieser Geraden.

62. Bei dem in Abb. 66 dargestellten Gelenkviereck repräsentieren die Seiten S_1, S_2, S_3, S_4 vier ebene Systeme, und die Eckpunkte sind die Pole $\mathfrak{P}_{12}, \mathfrak{P}_{13}, \mathfrak{P}_{34}, \mathfrak{P}_{24}$. Der Pol $\mathfrak{P}_{14}$ ist der Schnittpunkt der Seiten S_2 und S_3, weil er nach dem Satze in Art. 58 sowohl mit $\mathfrak{P}_{12}$ und $\mathfrak{P}_{24}$ als auch mit $\mathfrak{P}_{13}$ und $\mathfrak{P}_{34}$ in je einer Geraden liegen muß. Dasselbe ergibt sich selbstverständlich auch daraus, daß die Normalen der Kreise, die von den Punkten $\mathfrak{P}_{24}$ und $\mathfrak{P}_{34}$ der Seite S_4 in der Ebene des Gliedes S_1 beschrieben werden, durch den Pol $\mathfrak{P}_{14}$ gehen. — Ebenso treffen sich die Geraden $\mathfrak{P}_{12}\mathfrak{P}_{13}$ und $\mathfrak{P}_{24}\mathfrak{P}_{34}$ im Pole $\mathfrak{P}_{23}$.

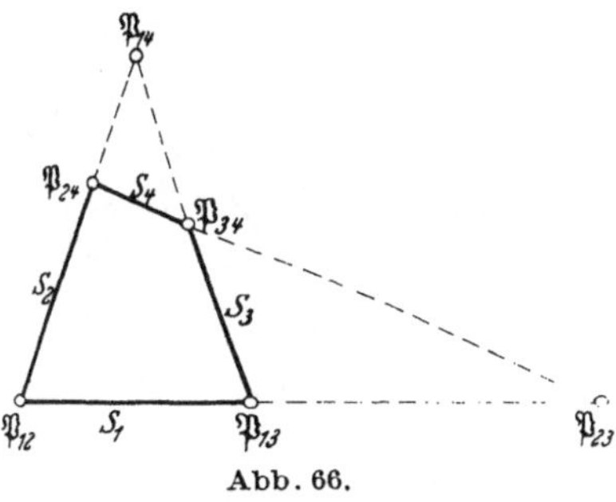

Abb. 66.

In Abb. 67 sind die Systeme S_2, S_3, S_4 durch die Dreiecke $\mathfrak{P}_{12}\mathfrak{P}_{24}C$, $\mathfrak{P}_{13}\mathfrak{P}_{34}D$ und $\mathfrak{P}_{24}\mathfrak{P}_{34}E$ ersetzt worden. Kennen wir dann die Geschwindigkeit CC_v des Punktes C in bezug auf S_1, die auf $\mathfrak{P}_{12}C$ senkrecht steht, so erhalten wir nach Art. 9 aus der gedrehten Geschwindigkeit $CC_\mathfrak{v}$ die entsprechenden Geschwindigkeiten der Punkte $\mathfrak{P}_{24}, \mathfrak{P}_{34}, D$ und E in bezug auf das Glied S_1 mittels

$$C_\mathfrak{v}\,\mathfrak{P}_{24.\mathfrak{v}} \parallel C\,\mathfrak{P}_{24},$$
$$\mathfrak{P}_{24,\mathfrak{v}}\,\mathfrak{P}_{34,\mathfrak{v}} \parallel \mathfrak{P}_{24}\mathfrak{P}_{34},$$
$$\mathfrak{P}_{34,\mathfrak{v}}D_\mathfrak{v} \parallel \mathfrak{P}_{34}D,$$
$$\mathfrak{P}_{24,\mathfrak{v}}E_\mathfrak{v} \parallel \mathfrak{P}_{24}E$$

und

$$\mathfrak{P}_{34,\mathfrak{v}}E_\mathfrak{v} \parallel \mathfrak{P}_{34}E;$$

dann liegt $E_\mathfrak{v}$ auf $\mathfrak{P}_{14}E$.

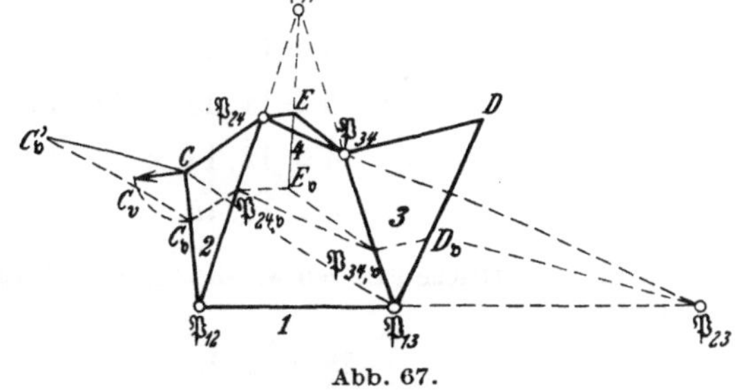

Abb. 67.

Wir können aber auch die Geschwindigkeit eines Punktes des Gliedes S_2, z. B. von C, in bezug auf S_3 bestimmen. Denn das System S_2 dreht sich in S_1 um den Punkt $\mathfrak{P}_{12}$, und S_1 dreht sich in S_3 um $\mathfrak{P}_{13}$, ferner ist $\mathfrak{P}_{23}$ der Pol der resultierenden Bewegung von S_2 in bezug auf S_3. Demnach ist die gedrehte Geschwindigkeit von C in bezug auf S_3 die nach $\mathfrak{P}_{23}$ gerichtete Diagonale $CC'_\mathfrak{v}$ eines Parallelogramms mit der Seite $CC_\mathfrak{v}$, dessen zweite von C ausgehende Seite auf der Geraden $\mathfrak{P}_{13}C$ liegt. Wir ziehen also $C_\mathfrak{v}C'_\mathfrak{v} \parallel \mathfrak{P}_{13}C$ bis zur Geraden $\mathfrak{P}_{23}C$.

63. Polbestimmung bei einem sechsgliedrigen Gelenkmechanismus (Abb. 68). Wir gehen aus von einem beliebigen Gelenkviereck, dessen Glieder wir mit 1, 2, 3, 4 bezeichnen. Die einander benachbarten Glieder 1 und 4 sind als Dreiecke ausgebildet, deren Spitzen durch ein Gelenk 56 drehbar verbunden sind. Da jedes der sechs Glieder sich in bezug auf jedes andre in ganz bestimmter Weise bewegt, so daß jeder Punkt dabei eine gewisse Kurve beschreibt, so gibt es in der dargestellten Lage des Mechanismus $\dfrac{6 \cdot 5}{2} = 15$ Pole; wir nennen sie kurz

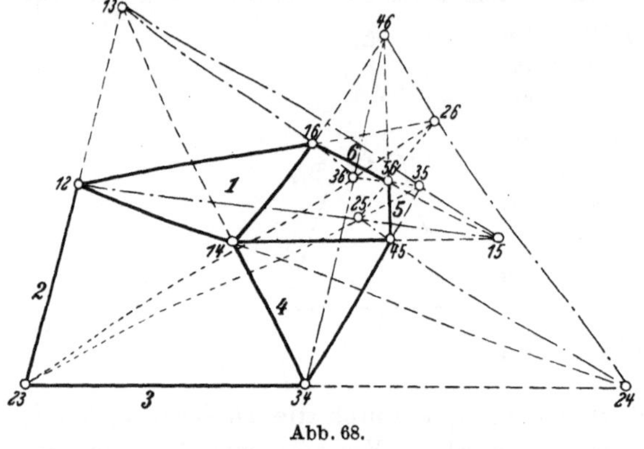

Abb. 68.

$$\begin{array}{ccccc} \underline{12} & \underline{\underline{13}} & 14 & \underline{\underline{15}} & 16 \\[4pt] \underline{23} & \underline{\underline{24}} & \underline{25} & 26 \\[4pt] \underline{34} & \underline{\underline{35}} & 36 \\[4pt] \underline{45} & \underline{\underline{46}} \\[4pt] \underline{56} \end{array}$$

Davon sind die sieben einfach unterstrichenen Punkte als Gelenkpunkte unmittelbar gegeben. Die vier doppelt unterstrichenen ergeben sich aus dem Satze, daß die drei momentanen Pole dreier Systeme stets in einer Geraden liegen. Hiernach ist in nicht mißzuverstehender, kurzer Bezeichnungsweise

$$13 = \overline{12,23} \times \overline{14,34}$$
$$15 = \overline{14,45} \times \overline{16,56}$$
$$24 = \overline{12,14} \times \overline{23,34}$$
$$46 = \overline{14,16} \times \overline{45,56}.$$

Aus diesen elf Punkten finden wir die noch fehlenden vier nach folgender Vorschrift

$$25 = \overline{12,15} \times \overline{24,45}$$
$$26 = \overline{12,16} \times \overline{24,46}$$
$$35 = \overline{13,15} \times \overline{34,45}$$
$$36 = \overline{13,16} \times \overline{34,46}.$$

Durch jeden der fünfzehn Pole gehen schließlich vier Geraden, die wir erhalten, indem wir zu jeder der beiden Ziffern, die den betreffenden Punkt bezeichnen, der Reihe nach die vier andern Ziffern hinzusetzen; so gehen z. B. durch den Pol 12 die vier Geraden $\overline{13,23}$; $\overline{14,24}$; $\overline{15,25}$; $\overline{16,26}$. Auf diese Weise entstehen $\dfrac{15 \cdot 4}{3} = 20$ Geraden, von denen jede drei Pole enthält.

Die Kenntnis dieser Polkonfiguration gestattet für die betrachtete Lage des Mechanismus die Ermittelung des momentanen Geschwindigkeitszustandes, sobald für einen Punkt eines Gliedes die Geschwindigkeit in bezug auf irgendein andres Glied bekannt ist.

Viertes Kapitel.

Die zyklischen Kurven und die Verzahnung der Stirnräder.

Entstehung und Einteilung der zyklischen Kurven.

64. Wir kehren zurück zu der Bewegung eines einzelnen ebenen Systems S in einer festen Ebene Σ und behandeln den besonderen Fall, daß die Polkurven Kreise sind. Die Bahnen, die bei dieser speziellen Bewegung die Punkte der Ebene S beschreiben, werden als zyklische Kurven bezeichnet.

In den Abb. 69a und 69b rollt der Kreis p, der den Mittelpunkt M hat, auf dem Kreise π vom Mittelpunkt M; in der ersten Abbildung liegt p außerhalb, in der zweiten innerhalb π. Der Berührungspunkt $\mathfrak{P}$ beider Kreise ist der Pol der dargestellten Systemlage. Bedeutet $\mathfrak{Q}$ irgendeinen anderen Punkt von π, so erhalten wir den Punkt Q von p, der beim Rollen dieses Kreises mit $\mathfrak{Q}$ zusammenfällt, indem wir den Bogen $\mathfrak{P}Q$ von p gleich dem Bogen $\mathfrak{P}\mathfrak{Q}$ von π machen, und dann verhalten sich die Zentriwinkel $\mathfrak{P}MQ$ und $\mathfrak{P}M\mathfrak{Q}$ umgekehrt wie die Radien $M\mathfrak{P}$ und M$\mathfrak{P}$. Anstatt aber den Kreis p durch Rollen in die Lage zu bringen, in der er π in $\mathfrak{Q}$ berührt, können wir ihn auch um M durch den Winkel $QM\mathfrak{P}$ drehen, so daß Q nach $\mathfrak{P}$ gelangt, und ihm dann noch in Verbindung mit der Zentrale MM eine Drehung um M

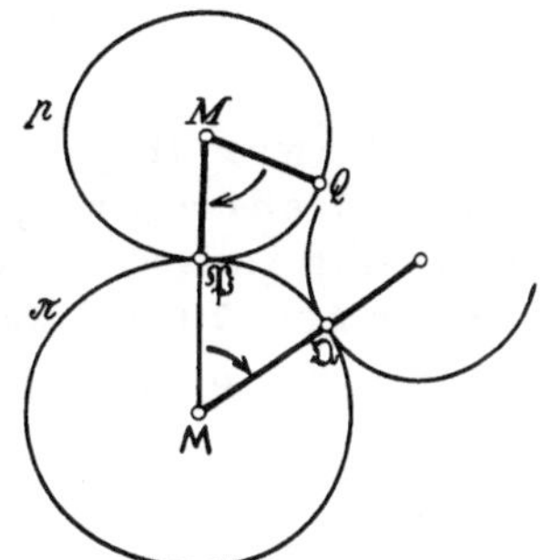

Abb. 69 a.

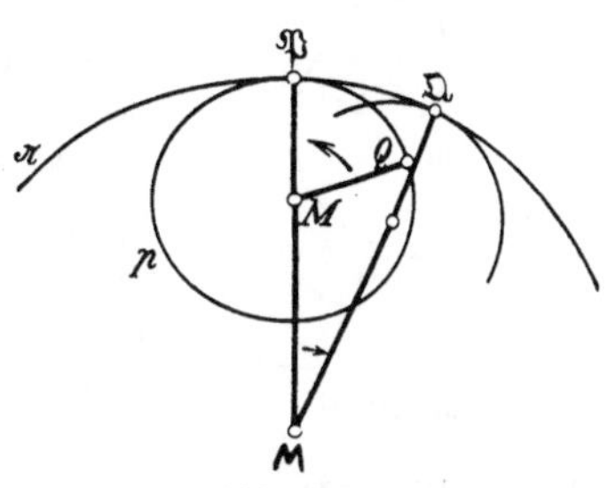

Abb. 69 b.

durch den Winkel $\mathfrak{P}M\mathfrak{Q}$ erteilen. In Abb. 69a sind diese Drehungen gleichen Sinnes, in Abb. 69b sind sie entgegengesetzt. Ersetzen wir jetzt die Strecke MM durch ein ebenes System S_2, das wir zwischen Σ und S einschalten, und schreiben wir wie im vorigen Kapitel an

Stelle von Σ und S bzw. S_1 und S_3, so haben wir drei übereinander-liegende Systeme S_1, S_2, S_3, von denen S_2 in M mit S_1 und in M mit S_3 drehbar verbunden ist. Während dann der Kreis p des Systems S_3 auf dem Kreise π von S_1 rollt, drehen sich die Systeme S_3 und S_2 in der Weise, daß das Verhältnis der Winkelgeschwindigkeiten $\frac{\omega_{32}}{\omega_{21}}$ immer gleich dem Verhältnis der Radien $\frac{M\mathfrak{P}}{M\mathfrak{P}}$ ist. Daraus folgt aber umgekehrt: Dreht sich das System S_3 im System S_2 um den Punkt M und das System S_2 im System S_1 um den Punkt M und ist das Ver-hältnis der Winkelgeschwindigkeiten ω_{32} und ω_{21} dieser Drehungen konstant, so kann die Bewegung des Systems S_3 gegen S_1 auch erzeugt werden durch das Rollen eines in S_3 liegenden Kreises p vom Mittelpunkt M auf einem in S_1 be-findlichen Kreise π vom Mittelpunkt M; ihr Berührungs-punkt $\mathfrak{P}$ teilt die Strecke MM im umgekehrten Verhältnis jener Winkelgeschwindigkeiten, so daß also

$$\frac{M\mathfrak{P}}{M\mathfrak{P}} = \frac{\omega_{32}}{\omega_{21}}$$

ist, und zwar liegt der Punkt $\mathfrak{P}$ innerhalb MM, wenn die beiden Drehungen in demselben Sinne erfolgen. Hierbei beschreibt jeder Punkt von S_3 in S_1 eine zyklische Kurve.

65. In Abb. 70 sind wieder zwei Kreise p und π gegeben und in der Ebene S_3 von p irgendein Punkt A. Rollt p auf π, so beschreibt A

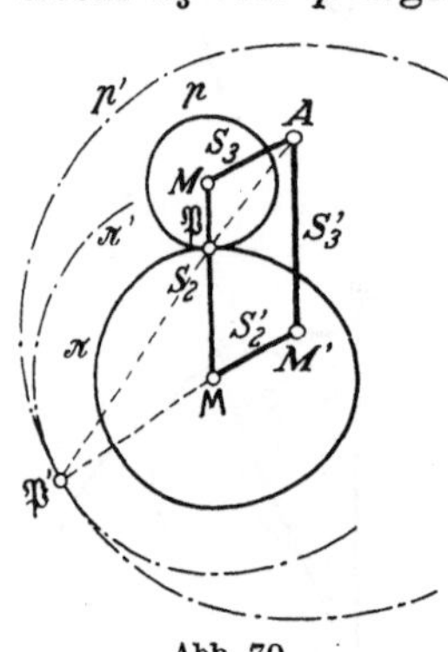

Abb. 70.

in der Ebene S_1 von π eine zyklische Kurve α. Dieselbe Kurve entsteht auch, wenn das aus den Stäben MM oder S_2 und MA oder S_3 gebildete Gelenk sich um den Punkt M in der Ebene S_1 dreht, so daß die Winkelgeschwindigkeiten ω_{32} und ω_{21} sich umgekehrt wie die Radien von p und π ver-halten. Durch Einfügen der Stäbe $MM' = MA$ und $M'A = MM$, die wir auch kurz mit S_2' und S_3' bezeichnen wollen, erhalten wir das Gelenk-parallelogramm $MMAM'$, das die Bewegung der Stäbe S_2 und S_3 jedenfalls nicht hindert. Dann ist die Winkelgeschwindigkeit von S_2' gegen S_1 $\omega_{21}' = \omega_{31}$, also nach Art. 59 $= \omega_{32} + \omega_{21}$, und die Winkelgeschwindigkeit von S_3' gegen S_2' $\omega_{32}' = \omega_{23} = -\omega_{32}$, folglich ist das Verhältnis $\dfrac{\omega_{32}'}{\omega_{21}'} = \dfrac{-\omega_{32}}{\omega_{32} + \omega_{21}} = -\dfrac{M\mathfrak{P}}{M\mathfrak{P} + M\mathfrak{P}} = -\dfrac{M\mathfrak{P}}{MM}$ $= -\dfrac{M\mathfrak{P}}{M'A}$, also ebenfalls eine Konstante. Die Bahnkurve α des Punktes A kann demnach auch durch das Gelenk $MM'A$ erzeugt werden, dessen Stäbe sich um die Punkte M und M' drehen, wobei

das Verhältnis ihrer Winkelgeschwindigkeiten wiederum konstant ist.
Dann entsteht aber die Kurve α nach dem vorhergehenden Satze
auch durch das Rollen eines dem System S_3' angehörenden
Kreises p' vom Mittelpunkt M' auf einem in S_1 liegenden
Kreise π' um den Punkt M. Der Berührungspunkt $\mathfrak{P}'$ der beiden
Kreise teilt die Zentrale MM' außen im Verhältnis $\dfrac{M\mathfrak{P}}{M'A}$; er ist also
der Schnittpunkt von MM' mit der Geraden $A\mathfrak{P}$. — Das Letzte

folgt übrigens auch daraus, daß der momentane Pol $\mathfrak{P}'$ des Systems S_3' auf der
Normalen der Kurve α im Punkte A, d. h.
auf $A\mathfrak{P}$ liegen muß.

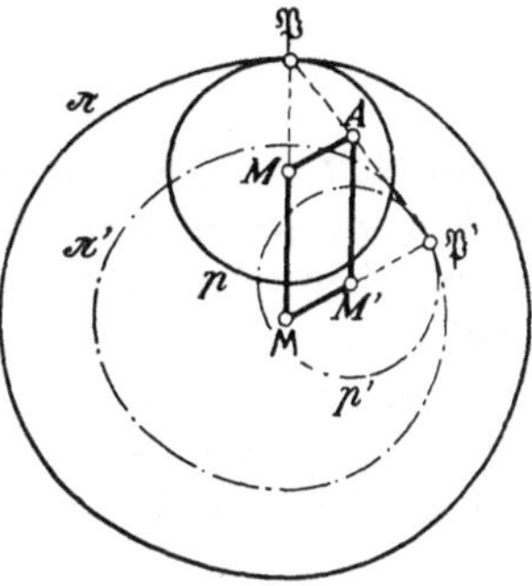

Abb. 71.

Aus diesen Darlegungen ergibt sich der
wichtige Satz von der doppelten Erzeugung der zyklischen Kurven: Jede
zyklische Kurve kann durch das
Rollen zweier verschiedenen Kreis-
paare erzeugt werden; dabei sind
die festen Kreise konzentrisch[1].

In Abb. 71 ist die Konstruktion des
zweiten Kreispaares p', π' für den Fall wiederholt, daß der Kreis p
innerhalb π liegt: Man zeichnet wieder das Parallelogramm MMAM'
und ermittelt den Schnittpunkt $\mathfrak{P}'$ von MM' mit $A\mathfrak{P}$.

66. Der Satz von der doppelten Erzeugung der zyklischen Kurven
liefert uns die Grundlage für eine sinngemäße Einteilung dieser
Kurven. Wenn nämlich der Punkt $\mathfrak{P}$ wie in Abb. 70 innerhalb der
Strecke MM liegt, so befindet sich der Punkt $\mathfrak{P}'$ stets außerhalb MM'
auf der Seite von M; wird aber $\mathfrak{P}$ auf der Verlängerung von MM über
M hinaus angenommen, so ergibt sich als $\mathfrak{P}'$ immer ein Punkt zwischen
M und M'. Bewegt sich also der Kreis p außerhalb π und schließt
er π aus, so liegt bei der zweiten Erzeugung der bewegte Kreis p' zwar
auch außerhalb des festen π', aber stets so, daß er diesen umschließt —
und umgekehrt. Befindet sich aber der Punkt $\mathfrak{P}$, wie in Abb. 71,
außerhalb MM auf der Seite von M, so liegt $\mathfrak{P}'$ außerhalb MM' auf
der Seite von M', d. h. rollt der Kreis p innerhalb des festen Kreises π,
so gilt dasselbe auch für das zugehörige Paar p', π'. Es hat also keinen
Sinn, wenn der Kreis p außerhalb π liegt, noch die beiden Fälle zu
unterscheiden, daß er π entweder ausschließt oder einschließt[2], denn

---

[1] Wählt man aber bei gegebenen p, π an Stelle des Punktes A irgendeinen andern Punkt in der Ebene von p, so erhält man selbstverständlich für
die zweite Erzeugung der von ihm beschriebenen zyklischen Kurve immer ein
anderes Kreispaar p', π'.

[2] Wie dies durch die entsprechenden Benennungen Epi- und Perizy-
kloide geschehen ist.

bei der zweiten Erzeugung findet jedesmal das Umgekehrte statt. Charakteristisch bleibt nur, ob p sich außerhalb oder innerhalb π befindet, und deshalb definieren wir: Eine zyklische Kurve heißt eine *Epizykloide* (Epitrochoide[1]) oder *Hypozykloide* (Hypotrochoide), je nachdem der bewegliche Kreis außerhalb oder innerhalb des festen liegt.

Aus Abb. 70 und 71 folgt weiter wegen der Ähnlichkeit der Dreiecke $A\,\mathfrak{P}\,M$ und $\mathfrak{P}'A\,M'$ die Proportion

$$\frac{A\,M}{\mathfrak{P}\,M} = \frac{\mathfrak{P}'\,M'}{A\,M'}\,. \tag{1}$$

Ist also $A\,M > \mathfrak{P}\,M$, so ist $A\,M' < \mathfrak{P}'\,M'$, d. h. liegt der Punkt A außerhalb p, so liegt er innerhalb p'. Die vielfach übliche Einteilung der zyklischen Kurven in „verlängerte" und „verkürzte" ist hiernach unhaltbar; dagegen gelangen wir zu einer widerspruchslosen Begriffsbestimmung in folgender Weise. Vertauschen wir in der vorigen Proportion die Glieder $A\,M$ und $A\,M'$ und ersetzen sie gleichzeitig durch die ihnen gleichen Strecken $\mathsf{M}\,M'$ und $\mathsf{M}\,M$, so ergibt sich

$$\frac{\mathsf{M}\,M}{\mathfrak{P}\,M} = \frac{\mathfrak{P}'\,M'}{\mathsf{M}\,M'}\,. \tag{2}$$

Ist daher $\mathsf{M}\,M > \mathfrak{P}\,M$, so ist $\mathsf{M}\,M' < \mathfrak{P}'\,M'$, d. h. liegt der Punkt M außerhalb p, so befindet er sich innerhalb p'. Vom Punkte M gilt also genau dasselbe wie von A. Liegen demnach die Punkte A und M auf derselben Seite von p, z. B. außerhalb p, so liegen sie auch auf derselben Seite von p', nämlich innerhalb p'. Befinden sie sich aber auf entgegengesetzten Seiten von p, z. B. A innerhalb, M außerhalb p, so liegen sie auch auf entgegengesetzten Seiten von p', nämlich A außerhalb und M innerhalb p'.

Aus der ersten Proportion schließen wir ferner: Ist $A\,M = \mathfrak{P}\,M$, so ist auch $A\,M' = \mathfrak{P}'\,M'$, d. h. liegt der Punkt A auf p, so liegt er auch auf p'. Dann wird $\mathsf{M}\,\mathfrak{P} = \mathsf{M}\,\mathfrak{P}'$, der Kreis π' fällt also mit π zusammen. Jetzt beschreibt der Punkt A, wenn er zum Pol wird, einen Rückkehrpunkt seiner Bahnkurve, die wir deshalb als „gespitzt" bezeichnen. Wie wir später — bei der Konstruktion der zyklischen Kurven — erkennen werden, tritt an die Stelle des Rückkehrpunktes eine Schleife, wenn wir den Punkt A nicht auf dem rollenden Kreise annehmen, sondern auf derjenigen Seite von p, auf der sich der Mittelpunkt des festen Kreises befindet; verlegen wir dagegen den Punkt A auf die entgegengesetzte Seite, so entsteht zunächst durch das Auftreten von zwei Wendepunkten eine Einbuchtung, die aber mit zunehmender Entfernung des Punktes A von p auch wieder verschwinden

---

[1] Von ῾ο τροχός der Reif.

kann[1]. Im ersten Fall nennen wir die Bahn des Punktes A „verschlungen", im zweiten heißt sie „geschweift" oder „gestreckt".

Aus alledem ergibt sich schließlich die weitere Einteilung: Eine zyklische Kurve heißt *gespitzt, geschweift (gestreckt)* oder *verschlungen*, je nachdem der beschreibende Punkt auf dem rollenden Kreise oder mit dem Mittelpunkte des festen Kreises auf entgegengesetzten Seiten oder auf derselben Seite des rollenden Kreises liegt.

67. Spezielle Fälle und Ausartungen der zyklischen Kurven. Ist in Abb. 71 der Punkt M die Mitte von M𝔅, mithin auch M' die Mitte von M𝔅', rollt also der Kreis p — und ebenso p' — in einem doppelt so großen Kreise, so liegt der Punkt M auf dem Kreise p — bzw. auf p' — und deshalb hört hier die Unterscheidung zwischen geschweiften und verschlungenen Kurven auf. In der Tat beschreiben dann alle Punkte der bewegten Ebene, die sich nicht auf dem rollenden Kreise befinden, nach Art. 19 Ellipsen als spezielle Hypozykloiden.

Sind in Abb. 70 die Kreise p und π gleich groß, so ist p' doppelt so groß wie π', der Punkt A beschreibt also nach Art. 20 eine Pascalsche Kurve als spezielle Epizykloide. Jetzt liefert das Kreispaar p, π für diese Kurve eine zweite Art der Erzeugung.

Artet der Kreis π in eine gerade Linie aus, wird also der Punkt M unendlich fern, so bezeichnet man die zyklische Kurve, die ein mit dem rollenden Kreise p verbundener Punkt A beschreibt, als eine Zykloide. Dann versagt die Konstruktion, die im allgemeinen Falle zu einer zweiten Erzeugung jeder zyklischen Kurve führte, aber die frühere Einteilung nach der Lage der Punkte A und M zum Kreise p behält auch jetzt ihren Sinn, nur sagen wir kürzer: Die Zykloide heißt gespitzt, geschweift oder verschlungen, je nachdem der beschreibende Punkt sich auf dem rollenden Kreise oder innerhalb oder außerhalb dieses Kreises befindet.

Ersetzen wir den rollenden Kreis p durch eine Gerade, so nennen wir die Kurve, die ein mit der Geraden verbundener Punkt erzeugt, eine Kreisevolvente, die wir als gespitzt, geschweift (gestreckt) oder verschlungen bezeichnen, je nachdem der Punkt auf der Geraden p, oder mit dem festen Kreise π auf entgegengesetzten Seiten oder auf derselben Seite von p liegt. Auch hier führt die früher abgeleitete Regel nicht mehr zu einer zweiten Erzeugung der Kurve.

Wir werden im folgenden die zyklischen Kurven, die durch das Aufeinanderrollen zweier eigentlichen Kreise entstehen, also Epi- und Hypozykloiden gemeinsam, unter Ausschluß der zuletzt betrachteten Ausartungen, kurz als Trochoiden bezeichnen.

---

[1] Vgl. Art. 69.

Konstruktion der zyklischen Kurven.

68. In Abb. 72 liegt der rollende Kreis p außerhalb des festen Kreises π und schließt ihn aus; als Anfangslage p_0 ist eine solche Lage von p gewählt worden, in der der beschreibende Punkt A sich gerade auf der Zentrale $M M_0$ befindet. Da A_0 und M auf verschiedenen Seiten vom Berührungspunkte $\mathfrak{P}_0$ liegen, so erzeugt der Punkt A eine ge-

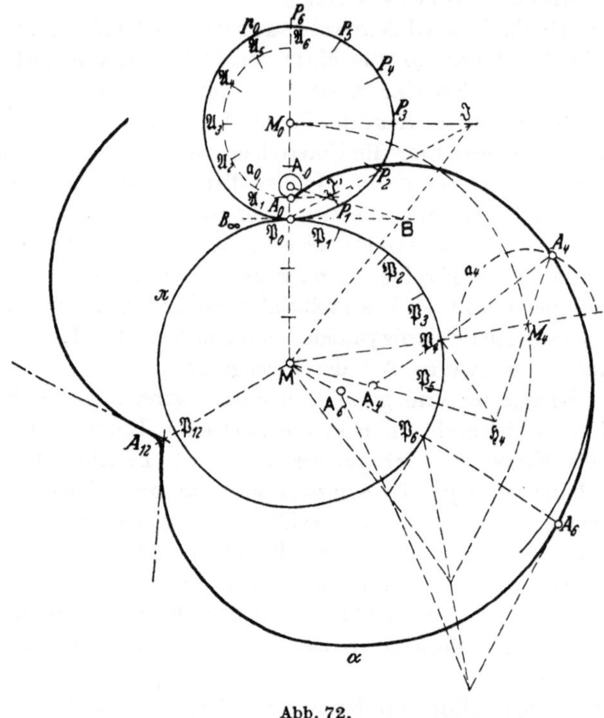

Abb. 72.

schweifte Epizykloide; die folgenden Darlegungen gelten aber allgemein für die Konstruktion aller Arten von Trochoiden.

Bezeichnen wir mit p_*, p_{**} bzw. die Lagen, in die der Kreis p von p_0 aus nach einer halben oder vollen Abrollung gelangt, mit A_*, A_{**} die entsprechenden Lagen von A, und sind $\mathfrak{P}_*$, $\mathfrak{P}_{**}$ die Berührungspunkte von p_*, p_{**} mit dem Kreise π, so besteht die Bahnkurve α des Punktes A aus lauter kongruenten Zügen, deren erster von A_0 bis A_{**} reicht und in bezug auf die Gerade $M \mathfrak{P}_*$ symmetrisch ist. Wir ermitteln zunächst den Punkt $\mathfrak{P}_*$, indem wir einen einfachen Bruchteil des Umfanges von p_0, z. B. ein Zwölftel, durch die bekannte Näherungskonstruktion von $\mathfrak{P}_0$ aus wiederholt auf π übertragen oder indem wir — etwa mittels

eines Transporteurs — den Zentriwinkel $\mathfrak{P}_0\,\mathsf{M}\,\mathfrak{P}_* = \dfrac{M_0\,\mathfrak{P}_0}{\mathsf{M}\,\mathfrak{P}_0}\cdot 180^0$ machen.
Stehen die Radien beider Kreise in einem einfachen rationalen Verhältnis, ist z. B. $\dfrac{M_0\,\mathfrak{P}_0}{\mathsf{M}\,\mathfrak{P}_0} = \dfrac{n}{\nu}$, so genügt es, den halben Umfang des Kreises π von $\mathfrak{P}_0$ aus in ν gleiche Teile zu teilen; dann ist der Bogen $\mathfrak{P}_0\,\mathfrak{P}_*$ gleich n solcher Teile. Wenn in diesem Falle der Kreis p auf π ν mal vollständig abrollt, so wird π gerade n mal bedeckt, und der Punkt A kehrt in seine Anfangslage A_0 zurück[1]. Stehen aber die beiden Radien nicht in einem rationalen Verhältnis, so schließt sich die Kurve α überhaupt nicht, sie besteht vielmehr aus unendlich vielen kongruenten Zügen. Im ersten Fall ist sie eine algebraische, im zweiten eine transzendente Kurve.

Um α zu konstruieren, teilen wir den Bogen $\mathfrak{P}_0\,\mathfrak{P}_*$ von π in eine passend gewählte Anzahl, z. B. in sechs gleiche Teile, und ermitteln die Lagen $A_1, A_2\ldots$, in die der Punkt A gelangt, wenn der rollende Kreis den festen bzw. in den Teilpunkten $\mathfrak{P}_1, \mathfrak{P}_2\ldots$ berührt. Dabei fallen die Punkte $A_6, A_{12}, \mathfrak{P}_6, \mathfrak{P}_{12}$ mit den Punkten, die wir anfänglich mit $A_*, A_{**}, \mathfrak{P}_*, \mathfrak{P}_{**}$ bezeichnet hatten, zusammen. Denken wir uns die Hälfte des Kreises p_0, die auf dem Bogen $\mathfrak{P}_0\,\mathfrak{P}_6$ abrollt, in den Punkten $P_1, P_2\ldots$ gleichfalls in sechs gleiche Teile geteilt, so erhalten wir z. B. die Lage A_4 von A durch eine Drehung von p_0 um M_0, die P_4 nach $\mathfrak{P}_0$ und A_0 nach $\mathfrak{A}_4$ bringt, und eine darauf folgende Drehung desselben Kreises um M, durch die P_4 aus der Lage $\mathfrak{P}_0$ nach $\mathfrak{P}_4$ kommt. Beschreiben wir daher um M_0 mit dem Radius $M_0 A_0$ den Halbkreis $\mathfrak{a}_0$ und teilen ihn von A_0 aus in den Punkten $\mathfrak{A}_1, \mathfrak{A}_2\ldots\mathfrak{A}_6$ in sechs gleiche Teile, so liegt A_4 auf dem gleich großen Halbkreis $\mathfrak{a}_4$ um den Punkt M_4 und ergibt sich am genauesten durch Übertragen der Sehne $A_0\mathfrak{A}_4$ oder $\mathfrak{A}_6\mathfrak{A}_4$ des Halbkreises $\mathfrak{a}_0$ nach $\mathfrak{a}_4$. Durch A_4 geht auch der Kreisbogen, den wir um M mit dem Radius $\mathsf{M}\mathfrak{A}_4$ beschreiben.

Die Gerade $\mathfrak{P}_4 A_4$ ist die Normale der Kurve α in A_4; der Kreis um $\mathfrak{P}_4$ mit dem Radius $\mathfrak{P}_4 A_4 = \mathfrak{P}_0 \mathfrak{A}_4$ berührt demnach α in A_4. Man kann also die Kurve α auch als die Einhüllende der Kreise um $\mathfrak{P}_1, \mathfrak{P}_2\ldots$ mit den Radien $\mathfrak{P}_0\mathfrak{A}_1, \mathfrak{P}_0\mathfrak{A}_2\ldots$ konstruieren.

Die Ermittelung des **Krümmungsmittelpunktes** A_4 der Trochoide α im Punkte A_4 wurde bereits in Art. 29 unter II abgeleitet: Man ziehe $\mathfrak{P}_4\mathfrak{H}_4 \perp \mathfrak{P}_4 A_4$ bis $A_4 M_4$, dann schneidet $\mathsf{M}\mathfrak{H}_4$ die Normale $\mathfrak{P}_4 A_4$ in A_4. — Diese Konstruktion versagt aber für die Scheitel $A_0, A_6\ldots$ der Kurve. Hier verfahren wir wie in Art. 30: Um z. B. für den Scheitel A_0 mit Hilfe der Punkte $\mathfrak{P}_0, M_0$ und M den Krümmungsmittelpunkt A_0 zu finden, ziehen wir durch $\mathfrak{P}_0$ irgend eine Gerade, auf der wir die Punkte B und B beliebig annehmen, und suchen den Schnitt-

---

[1] In unserer Abbildung ist $\dfrac{M_0\,\mathfrak{P}_0}{\mathsf{M}\,\mathfrak{P}_0} = \dfrac{2}{3}$, also $\angle\,\mathfrak{P}_0\mathsf{M}\mathfrak{P}_* = 120^0$.

punkt $\mathfrak{J}$ von BM_0 und $\mathsf{B}\mathsf{M}$. Trifft BA_0 die Gerade $\mathfrak{P}_0\mathfrak{J}$ in $\mathfrak{J}'$, so bestimmt $\mathsf{B}\mathfrak{J}'$ auf $\mathsf{M}M_0$ den Punkt A_0. In Abb. 72 haben wir die Gerade $B\mathsf{B}$ durch $\mathfrak{P}_0$ senkrecht zu $\mathsf{M}M_0$ gezogen und auf ihr den Punkt B unendlich fern gewählt.

69. Konstruktion der Wendepunkte der in Abb. 72 dargestellten geschweiften Epizykloide. Alle Systempunkte, die in der durch den Kreis p_0 bestimmten Systemlage S_0 einen Wendepunkt ihrer Bahn durchschreiten, liegen bekanntlich auf dem Wendekreis w_0, der p_0 in $\mathfrak{P}_0$ berührt. Bezeichnen wir den zugehörigen Wendepol mit W_0, so besteht zwischen den Punkten $\mathfrak{P}_0$, M_0, M und W_0 nach Art. 33 Gleichung (12) die Beziehung

$$M_0\,\mathfrak{P}_0^2 = M_0\mathsf{M} \cdot M_0 W_0.$$

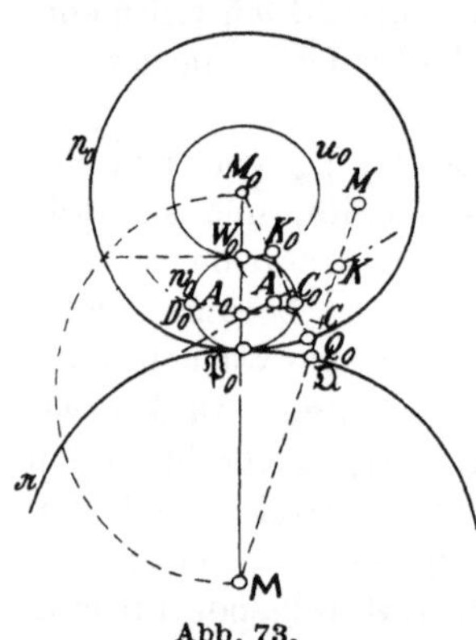

Abb. 73.

Demnach ergibt sich in Abb. 73 der Wendepol W_0 und damit der Wendekreis w_0, wenn wir über $M_0\mathsf{M}$ als Durchmesser einen Halbkreis schlagen und von seinem Schnittpunkte mit p_0 auf $M_0\mathsf{M}$ ein Lot fällen; sein Fußpunkt ist W_0. Alle anderen Kreise der Ebene von p, die im Verlauf der Bewegung zu Wendekreisen werden, sind offenbar gleich dem Kreise w_0 und berühren wie dieser in ihrer Anfangslage den Kreis p_0 von innen. Zwei von ihnen — wir nennen sie k_0 und l_0 — gehen durch den Punkt A_0. Wir finden sie, indem wir um M_0 mit dem Radius M_0A_0 einen Kreisbogen schlagen, der w_0 in C_0 und D_0 schneidet; dann liegen die Mittelpunkte von k_0 und l_0 bzw. auf M_0C_0 und M_0D_0.

Sind Q_0 und K_0 die Endpunkte des auf M_0C_0 liegenden Durchmessers von k_0, von denen sich Q_0 auf dem Kreise p_0 befindet, und machen wir auf π den Bogen $\mathfrak{P}_0\mathfrak{Q}$ gleich dem Bogen $\mathfrak{P}_0Q_0$ von p_0, so wird k zum Wendekreise, wenn der Kreis p so weit gerollt ist, daß er π im Punkte $\mathfrak{Q}$ berührt. Dann gelangt aber der Punkt A in einen Wendepunkt seiner Bahn; um diesen Punkt zu erhalten, übertragen wir die Strecke Q_0M_0 nach $\mathfrak{Q}\mathsf{M}$ in der Verlängerung von $\mathsf{M}\mathfrak{Q}$, und das an ihr liegende gleichschenklige Dreieck $M_0C_0A_0$ in die Lage $\mathsf{M}\mathsf{C}\mathsf{A}$. Machen wir noch auf $\mathfrak{Q}\mathsf{M}$ die Strecke $\mathfrak{Q}\mathsf{K} = Q_0K_0 = \mathfrak{P}_0W_0$, so ist K der Wendepol der neuen Systemlage, also geht die Tangente der Kurve α im Wendepunkt A durch K. — Ein zweiter Wendepunkt A' von α, der von dem Kreise l herrührt, liegt symmetrisch zu A in bezug auf die Gerade $\mathsf{M}M_0$.

Je näher der Punkt A_0 dem Punkte W_0 liegt, desto enger rücken die Wendepunkte A und A' aneinander, und für den Punkt W_0 fallen sie mit diesem zusammen; der Wendepol beschreibt also gegenwärtig einen Undulationspunkt seiner Bahn, d. h. er ist zugleich der Ballsche Punkt der Systemlage[1]. Der Kreis u_0 um M_0 mit dem Radius M_0W_0 ist demnach für die soeben behandelte trochoidische Bewegung der Ort aller Ballschen Punkte. Nur die Punkte innerhalb des von den Kreisen p_0 und u_0 begrenzten ringförmigen Teiles der bewegten Ebene beschreiben geschweifte Epizykloiden mit Wendepunkten; die Bahnen der innerhalb u_0 liegenden Punkte haben keine Wendepunkte. Jetzt ist auch ohne weiteres klar, daß die verschlungenen Epizykloiden, die von den außerhalb p_0 befindlichen Punkten erzeugt werden, keine Wendepunkte besitzen können.

Analoge Betrachtungen gelten, wenn der Kreis p_0 den Kreis π einschließt oder wenn p_0 innerhalb π liegt, nur muß die Konstruktion des Wendepols W_0 in diesen Fällen, immer auf Grund der vorhin benutzten Gleichung, entsprechend abgeändert werden.

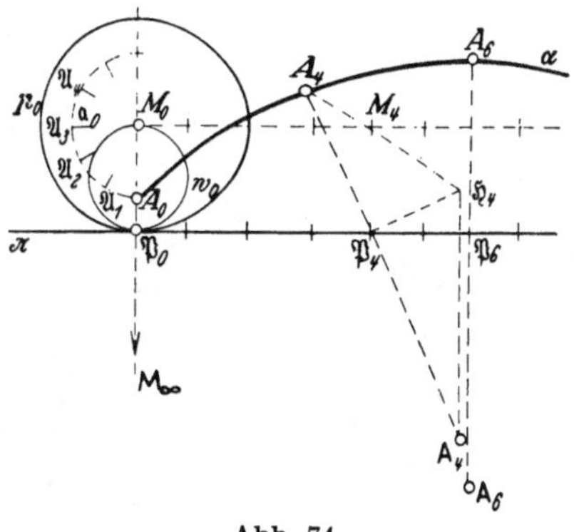

Abb. 74.

70. Für die Konstruktion der Zykloide, die der Punkt A in Abb. 74 beschreibt, wenn der Kreis p auf der Geraden π rollt, gelten dieselben Überlegungen wie in Art. 68 bei der Trochoide, nur liegt der Punkt M jetzt unendlich fern in der Richtung $\perp \pi$. Wir tragen also den halben Umfang des Kreises von $\mathfrak{P}_0$ aus auf π ab und teilen die so erhaltene Strecke in den Punkten $\mathfrak{P}_1$, $\mathfrak{P}_2 \ldots$ in eine beliebige Anzahl, z. B. sechs gleiche Teile. Die entsprechende Einteilung $\mathfrak{A}_1$, $\mathfrak{A}_2 \ldots$ machen wir auf dem Halbkreis $\mathfrak{a}_0$, der um M_0 mit dem Radius M_0A_0 beschrieben ist. Dann ergibt sich z. B. die Lage A_4 des Punktes A durch eine Drehung um M_0, durch die A_0 nach $\mathfrak{A}_4$ gelangt, und durch eine Verschiebung parallel zu π, bis $\mathfrak{P}_0$ nach $\mathfrak{P}_4$ und M_0 nach M_4 kommt; demnach wird $M_4A_4 \mathbin{\#} M_0\mathfrak{A}_4$. Alles, was früher über die Konstruktion des Krümmungsmittelpunktes im Punkte A_4 und in den Scheiteln A_0, $A_6 \ldots$ bei der Trochoide gesagt wurde, gilt hier unverändert.

Die Ermittelung der Wendepunkte gestaltet sich nur insofern noch etwas einfacher, als der Punkt M_0, der gegenwärtig eine gerade Linie beschreibt, zugleich den Wendepol W_0 der Systemlage p_0 darstellt. Der Kreis u_0 der Abb. 73 schrumpft also in den Punkt M_0 zusammen; die Bahnen aller Punkte innerhalb p_0 mit Ausnahme von M_0, d. h. alle geschweiften Zykloiden haben demnach Wendepunkte.

---

[1] Vgl. Art. 45 und 46.

***71. Die Evolute der gespitzten Trochoide und der gespitzten Zykloide.** Rollt der Kreis p außerhalb oder innerhalb des Kreises π, so beschreibt der Punkt A von p, dessen Anfangslage A_0 mit dem Berührungspunkt $\mathfrak{P}_0$ von p_0 mit π zusammenfällt, eine gespitzte Trochoide α (Abb. 75). Für eine andere Lage des bewegten Kreises, die wir kurz mit p bezeichnen und die π in $\mathfrak{P}$ berührt, erhalten wir die zugehörige Lage von A, indem wir den Bogen $\mathfrak{P}A$ von p gleich dem Bogen $\mathfrak{P}_0\mathfrak{P}$ von π machen. Konstruieren wir, wie in Abb. 72, zu A den Krümmungsmittelpunkt A, so trifft das in $\mathfrak{P}$ zu $\mathfrak{P}A$ errichtete Lot die Gerade AM auf p in B, und A ergibt sich wieder als Schnitt-

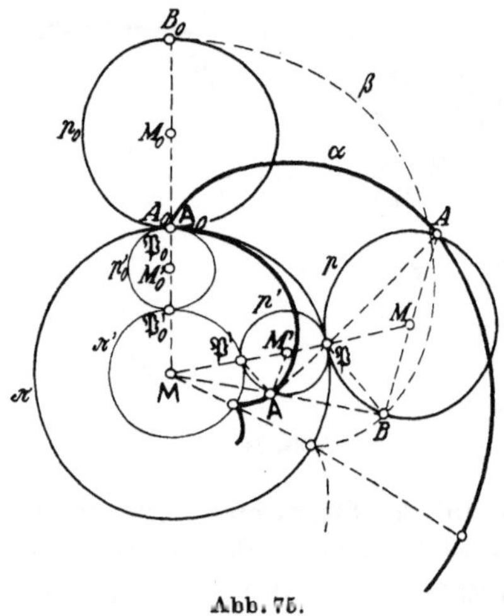

Abb. 75.

punkt von $A\mathfrak{P}$ mit $\mathsf{M}B$. Ziehen wir noch $\mathsf{A}\mathfrak{P}' \parallel B\mathfrak{P}$ und $\mathsf{A}M' \parallel BM$ bis zur Geraden $\mathsf{M}M$, so liegen die Punkte $\mathfrak{P}$, $\mathfrak{P}'$, A auf einem Kreise p' um M'; dann ist M der äußere Ähnlichkeitspunkt der Kreise p' und p. Beschreiben wir endlich um M den Kreis π' mit dem Radius $\mathsf{M}\mathfrak{P}'$, so sind die aus p', π' und aus p, π gebildeten Figuren einander ähnlich im Verhältnis $\mathsf{M}\mathfrak{P}' : \mathsf{M}\mathfrak{P}$, und A und B sind ein Paar entsprechender Punkte.

Denken wir uns dieselbe Konstruktion für alle möglichen Lagen des rollenden Kreises ausgeführt, so bilden die Punkte B von der Anfangslage B_0 aus eine gespitzte Trochoide β, die zur Bahnkurve α des Punktes A kongruent ist und deren Scheitel und Spitzen bzw. mit den Spitzen und Scheiteln von α auf Strahlen durch den Punkt M liegen. Dann ist aber der Ort der Krümmungsmittelpunkte A, d. h. die Evolute von α, zur Kurve β im Verhältnis $\mathsf{M}\mathfrak{P}' : \mathsf{M}\mathfrak{P}$ ähnlich, also wieder eine gespitzte Trochoide, nämlich diejenige, die durch das Rollen von p' auf π' entsteht. Dabei entspricht dem Punkte B_0 von β als A_0 in der ähnlichen Kurve der Punkt A_0; wir erhalten somit den Satz: **Die Evolute einer gespitzten Trochoide ist eine ähnliche gespitzte Trochoide, deren Scheitel in den Spitzen der ersten liegen.**

Der analoge Satz gilt jedenfalls nicht für die geschweifte oder die verschlungene Trochoide, wie schon aus dem Umstand hervorgeht, daß den Wendepunkten der geschweiften Trochoide unendlich ferne Krümmungsmittelpunkte entsprechen.

Liegt der Mittelpunkt M von π unendlich fern, so ist die Bahnkurve α des Punktes A eine gespitzte Zykloide (Abb. 76). Wiederholen wir hier für eine beliebige Lage des Punktes die in Abb. 75 ausgeführte Konstruktion des Krümmungsmittelpunktes A und ziehen abermals $A\,\mathfrak{P}' \parallel B\,\mathfrak{P}$ bis zur Geraden $M\,\mathfrak{P}$, so wird die Strecke $\mathfrak{P}\,\mathfrak{P}'$, ebenso wie $B\,A$, gleich dem Durchmesser des Kreises p. Die Evolute der Bahnkurve α des Punktes A entsteht also aus der gespitzten Zykloide β, die der Punkt B beim Rollen des Kreises p erzeugt, durch eine Parallelverschiebung von der Größe $\mathfrak{P}\,\mathfrak{P}'$ senkrecht zur Geraden π. Da aber β zu α kongruent ist, so ergibt sich: Die Evolute einer gespitzten Zykloide ist eine kongruente gespitzte Zykloide, deren Scheitel in den Spitzen der ersten liegen.

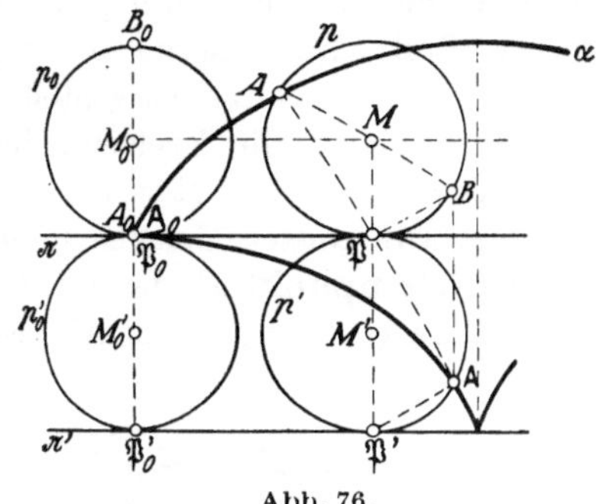

Abb. 76.

Der Bogen der Evolute von ihrem Scheitel A_0 bis A ist nun bekanntlich gleich dem Krümmungsradius $A\,\mathsf{A}$ der Kurve α, d. h. gleich $2 \cdot A\,\mathfrak{P}$, mithin ist der Evolutenbogen vom Scheitel bis zur nächsten Spitze gleich dem doppelten Durchmesser des Kreises p. Die Evolute ist aber der Kurve α kongruent, also gelangen wir schließlich noch zu dem Satz: Die Bogenlänge einer gespitzten Zykloide von der Spitze bis zum Scheitel ist gleich dem doppelten Durchmesser des rollenden Kreises.

72. Rollt die Gerade p aus der Anfangslage p_0 auf dem festen Kreise π, so beschreibt jeder Punkt von p, z. B. der Punkt A, der momentan mit dem Berührungspunkte $\mathfrak{P}_0$ von p_0 mit π zusammenfällt, eine gespitzte Kreisevolvente α (Abb. 77). Um α zu konstruieren, rektifizieren wir den Kreis π nach einem der bekannten Näherungsverfahren

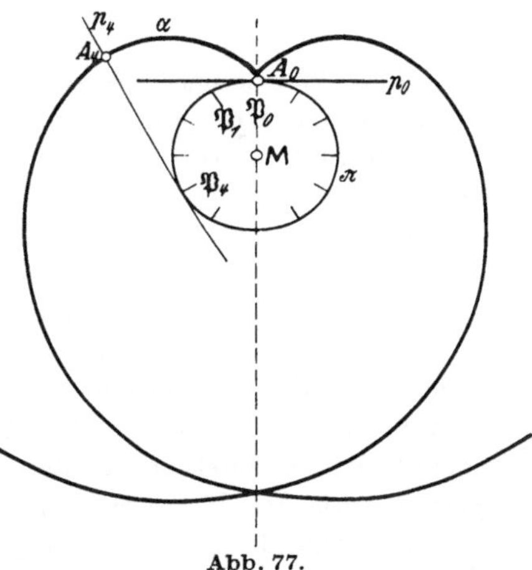

Abb. 77.

und teilen die so gefundene Strecke wie auch den Kreis — und zwar diesen von $\mathfrak{P}_0$ aus in den Punkten $\mathfrak{P}_1$, $\mathfrak{P}_2$ ... — in dieselbe Anzahl, etwa zwölf gleiche Teile. Ziehen wir dann z. B. im Punkte $\mathfrak{P}_4$ an π die Tangente p_4 und machen auf ihr die Strecke $\mathfrak{P}_4 A_4 = \frac{4}{12}$ des Umfanges, so ist A_4 ein Punkt von α und p_4 die zugehörige Normale.

Der Kreis π ist also die Einhüllende aller Normalen, d. h. die Evolute von α, mithin ist $\mathfrak{P}_4$ der Krümmungsmittelpunkt der Evolvente in A_4. Dasselbe folgt übrigens auch aus dem Satze des Art. 34, wonach die Bahnen aller Punkte der Polkurventangente — und das ist jetzt die Gerade p_4 — den Pol zum Krümmungsmittelpunkt haben. — Die Kurve α umzieht den Mittelpunkt M von π in unendlich vielen Windungen. Rollt die Tangente p von p_0 aus in entgegengesetztem Sinne, so entsteht ein zweiter Kurventeil, der zum ersten in bezug auf M $\mathfrak{P}_0$ symmetrisch ist. Die Evolvente hat also im Punkte A_0, der mit $\mathfrak{P}_0$ zusammenfällt, einen Rückkehrpunkt mit der Tangente M $\mathfrak{P}_0$ und außerdem auf dieser Geraden unendlich viele Doppelpunkte.

Der Systempunkt B, der auf dem in A zur Tangente p errichteten Lote, und zwar auf derselben Seite wie der Punkt M liegt, beschreibt eine verschlungene Kreisevolvente β (Abb. 78).

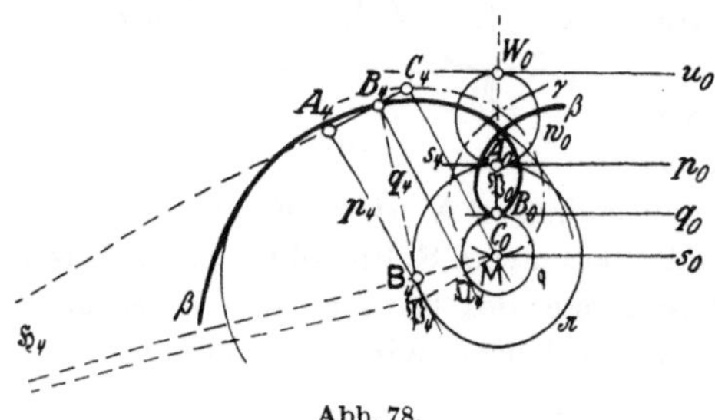

Abb. 78.

Wir erhalten seine Lage B_4, indem wir $A_4 B_4 \perp p_4$ und gleich $A_0 B_0$ machen. Ziehen wir durch B_4 die Gerade $q_4 \parallel p_4$, die M $\mathfrak{P}_4$ in $\mathfrak{Q}_4$ schneidet, so ist $\mathfrak{Q}_4 B_4 = \mathfrak{P}_4 A_4$, und die Gerade q_4 berührt den Kreis q um M mit dem Radius M B_0. Wir können also die Kurve β kürzer auch so konstruieren, daß wir den Kreis q von B_0 aus in den Punkten $\mathfrak{Q}_1, \mathfrak{Q}_2 \ldots$ ebenfalls in zwölf gleiche Teile teilen und auf seinen Tangenten in diesen Punkten bzw. $\frac{1}{12}$, $\frac{2}{12} \ldots$ des Umfanges des Kreises π abtragen. — Die Normale von β in B_4 geht durch den Punkt $\mathfrak{P}_4$. Der zugehörige Krümmungsmittelpunkt B_4 ergibt sich wie bei der in Abb. 72 dargestellten Trochoide, nur liegt der Punkt M_4 jetzt unendlich fern in der Richtung M $\mathfrak{P}_4$. Wir ziehen also $\mathfrak{P}_4 \mathfrak{H}_4 \perp \mathfrak{P}_4 B_4$ und $B_4 \mathfrak{H}_4 \parallel$ M $\mathfrak{P}_4$, dann schneidet M $\mathfrak{H}_4$ die Gerade $\mathfrak{P}_4 B_4$ in B_4. Die Kurve β ist wieder symmetrisch in bezug auf die Gerade M B_0. Für den Krümmungsmittelpunkt des Scheitels B_0 gilt dasselbe wie in Art. 68.

Jeder Punkt der Parallelen durch B_0 zu p_0 beschreibt eine zur Kurve β kongruente Kreisevolvente, wie man sofort erkennt, wenn man die Gerade p_0 erst so weit rollen läßt, bis sie den Kreis π im Fußpunkte des Lotes berührt, das von dem betrachteten Punkte auf p_0 gefällt wird.

Ersetzen wir den Punkt B durch den Punkt C der bewegten Geraden $A B$, dessen Anfangslage C_0 mit M zusammenfällt, so schrumpft für ihn der Kreis q in den Punkt M zusammen, und seine Bahnkurve γ entsteht, wenn der durch M gehende Strahl s, dessen Anfangslage $s_0 \parallel p_0$

ist, sich um den Punkt M dreht, und wenn gleichzeitig der Punkt C sich von C_0 aus auf s in solcher Weise verschiebt, daß gleichen Drehungswinkeln immer gleiche Verschiebungsstrecken entsprechen. Wir bezeichnen diese spezielle verschlungene Kreisevolvente γ als Spirale des Archimedes.

Alle Systempunkte, die auf der dem Kreise π entgegengesetzten Seite der Geraden p_0 liegen, beschreiben geschweifte oder gestreckte Kreisevolventen. Die Lage des Wendepols W_0 ergibt sich aus der schon in Art. 42 I benutzten Beziehung

$$\frac{1}{\mathfrak{P}M} - \frac{1}{\mathfrak{P}\mathsf{M}} = \frac{1}{\mathfrak{b}},$$

und da jetzt $\mathfrak{P}M$ unendlich groß ist, so wird $\mathfrak{b} = -\mathfrak{P}\mathsf{M}$; der Punkt W_0 liegt also symmetrisch zu M in bezug auf p_0. Dasselbe folgt übrigens auch daraus, daß bei der umgekehrten Bewegung, wenn der Kreis π auf der Geraden p_0 rollt, der Wendepol mit M zusammenfällt[1]. Alle Kreise, die im Verlauf der gegenwärtig betrachteten Bewegung zu Wendekreisen werden, bedecken den ebenen Streifen, der zwischen der Geraden p_0 und der zu ihr parallelen durch W_0 gehenden Geraden u_0 enthalten ist. Nur die Punkte dieses Streifens erzeugen also geschweifte Kreisevolventen mit je zwei Wendepunkten.

Geometrische Grundlagen der Verzahnung der Stirnräder.

73. Betrachten wir den in Abb. 69a dargestellten Bewegungsvorgang vom Gliede M M aus, indem wir M und M als feste Punkte der Zeichenebene, die jetzt $\mathfrak{S}$ heißen möge, ansehen, so erscheinen die aufeinanderrollenden Kreise p und π als die Ränder zweier ebenen Scheiben S und Σ, die sich um zwei durch M und M gehende, auf $\mathfrak{S}$ senkrechte Achsen m und μ in der Weise drehen, daß der Berührungspunkt $\mathfrak{P}$ in beiden Kreisen gleichzeitig gleiche Bogenlängen zurücklegt. Dann wissen wir, daß die Winkelgeschwindigkeiten ω_m und ω_μ der beiden Drehungen sich umgekehrt wie die Radien der beiden Kreise verhalten und daß sie entgegengesetzte Vorzeichen haben, wenn $\mathfrak{P}$ zwischen M und M liegt[2].

Machen wir nun p und π zu Grundkreisen zweier materiellen Rotationszylinder, die wir kurz als Räder bezeichnen wollen, so bietet sich die Möglichkeit, eine Drehung, die um die eine der beiden zueinander parallelen Achsen m und μ stattfindet, auf die andere **proportional**

---

[1] Vgl. Art. 70.

[2] Nach dem Satze am Schluß des Art. 64 haben die dort mit ω_{32} und ω_{21} bezeichneten Winkelgeschwindigkeiten dasselbe Vorzeichen, wenn $\mathfrak{P}$ zwischen M und M liegt. Jetzt ist aber $\omega_m = \omega_{32}$ und $\omega_\mu = \omega_{12} = -\omega_{21}$; die obige Angabe stimmt also mit dem früheren Satze überein.

zu übertragen. Die Übertragung geschieht durch Reibung, d. h. durch den Druck, den der eine der sich drehenden Zylinder — das Treibrad — auf den andern — das Gegenrad — ausübt. Die Reibung allein würde freilich nicht genügen, um größere Widerstände zu überwinden. Dieses erreichen wir aber auf folgende Weise:

Eine beliebige Kurve k von S, von der wir nur voraussetzen, daß ihre Normalen den Kreis p in $\mathfrak{P}$ und beiderseits dieses Punktes schneiden, erzeugt in Σ, wenn p auf π rollt, eine gewisse Hüllbahnkurve $\varkappa$, die

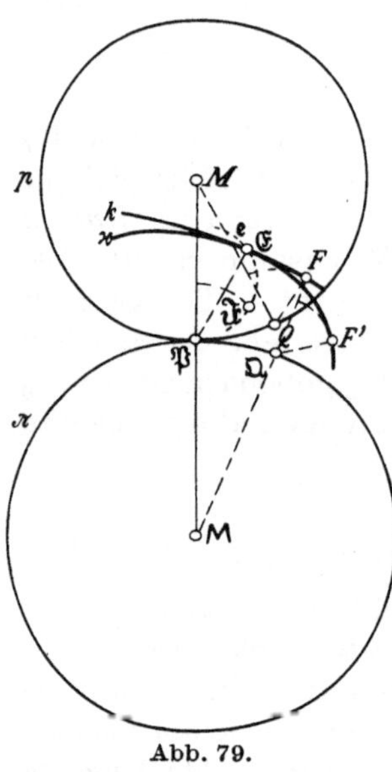

Abb. 79.

wir nach dem in Art. 16 angegebenen Verfahren konstruieren (Abb. 79). Zunächst erhalten wir im Punkte $\mathfrak{E}$ von k, dessen Normale durch $\mathfrak{P}$ geht, den augenblicklichen Berührungspunkt von k mit $\varkappa$. Sei ferner F irgendein anderer Punkt von k, Q der Schnittpunkt seiner Normale mit p und $\mathfrak{Q}$ der Punkt von π, der gleichzeitig mit Q nach $\mathfrak{P}$ gelangt. Tragen wir dann den Winkel MQF in $\mathfrak{Q}$ an die Verlängerung von $M\mathfrak{Q}$ an und machen den freien Schenkel $\mathfrak{Q}F' = QF$, so ist F' der Punkt von $\varkappa$, der mit F zusammentrifft, wenn Q und $\mathfrak{Q}$ nach $\mathfrak{P}$ gekommen sind, und $\mathfrak{Q}F'$ ist die Normale von $\varkappa$ in F'. — Der Punkt $\mathfrak{F}$ der festen Ebene $\mathfrak{S}$, in dem F und F' zusammentreffen, ergibt sich durch Übertragen des Dreiecks MQF in die Lage $M\mathfrak{P}\mathfrak{F}$. Durch Wiederholung dieser Konstruktion für verschiedene Punkte der Kurve k entsteht in der Ebene $\mathfrak{S}$ als Ort der Berührungspunkte $\mathfrak{E}, \mathfrak{F} \ldots$ entsprechender Lagen von k und $\varkappa$ eine Kurve ϱ, die man als Eingriffslinie bezeichnet.

Fassen wir nun k und $\varkappa$ als Leitkurven zweier widerstandsfähigen Zylinderflächen auf, deren Erzeugende auf der Ebene $\mathfrak{S}$ senkrecht stehen, so gleitet während der Drehung des Treibrades die eine Zylinderfläche, ohne zu rollen, auf der andern und bewirkt dadurch die proportionale Drehung des Gegenrades. Dies dauert aber nur so lange, bis die Berührung der Zylinderflächen k und $\varkappa$ aufhört. Um eine kontinuierliche Drehung zu erhalten, muß die Anordnung getroffen sein, daß zuvor zwei andre, gleichgestaltete Zylinderflächen k', $\varkappa'$ miteinander in Berührung treten; dabei müssen k und k' auf dem Kreise p ein Bogenstück von derselben Länge einschließen, wie $\varkappa$ und $\varkappa'$ auf π. Auf das Zylinderpaar k', $\varkappa'$ wird man weitere Paare k'', $\varkappa''$ usw. in gleichen Intervallen folgen lassen, so daß also p und π in lauter gleiche Teile — etwa in n und ν solcher gleichen Bogenstücke — eingeteilt werden.

Das setzt natürlich voraus, daß die Radien beider Kreise sich verhalten wie $n : \nu$; sie müssen also jedenfalls in **rationalem** Verhältnis stehen.

Die Zylinderflächen k und $\varkappa$ werden zu **Zähnen** der beiden Räder ausgebildet. Damit sich die Räder sowohl vorwärts wie rückwärts drehen können, wird jeder Zahn nach beiden Seiten durch Zylinderflächen von der eben beschriebenen Art begrenzt, die in bezug auf eine durch die Radachse gehende Ebene zueinander symmetrisch liegen. Dabei muß dafür gesorgt sein, daß die Zähne des einen Rades zwischen denen des andern durch passend ausgehöhlte Lücken frei hindurchgehen können.

Die so erhaltenen Zahnräder, die also zur proportionalen Übertragung von Drehungen um parallele Achsen dienen, werden als **Stirnräder** bezeichnet, gegenüber den **Kegel-** und **Hyperbelrädern** — richtiger **Hyperboloidrädern** — bei denen die Achsen einander schneiden oder windschief zueinander sind[1]. Die Polkreise p und π, die auf den Rädern selbst nicht erkennbar sind, heißen in der Technik **Teilkreise**.

Aus dem Vorhergehenden folgt noch, daß die Winkelgeschwindigkeiten ω_m und ω_μ der beiden Räder sich umgekehrt verhalten wie die Zähnezahlen n und ν.

Es ist schließlich unsere Aufgabe, die für die Praxis besonders geeigneten Zahnformen, also leicht konstruierbare Kurvenpaare k und $\varkappa$, anzugeben[2].

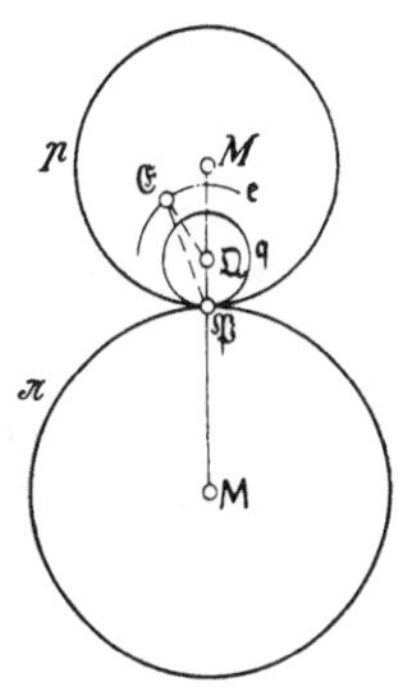

Abb. 80.

74. Abb. 80 stellt abermals zwei Kreise p und π dar, die sich in der festen Ebene $\mathfrak{S}$ um ihre Mittelpunkte M und M drehen und dabei aufeinander rollen; ihre Radien verhalten sich wie $3 : 4$. Um den Punkt $\mathfrak{Q}$ der Geraden $\mathsf{M}M$ dreht sich ein dritter Kreis q in der Weise, daß er auf p und folglich auch auf π rollt; sein Radius sei $\tfrac{1}{3}$ von $M\mathfrak{P}$. Dann beschreibt ein mit q fest verbundener Punkt $\mathfrak{E}$ in der Ebene S des Kreises p eine aus drei Zügen bestehende Hypozykloide k und in der Ebene Σ von π eine aus vier Zügen gebildete Epizykloide $\varkappa$, und für beide Kurven geht die Normale in $\mathfrak{E}$ durch den Pol $\mathfrak{P}$. Die um M und M rotierenden Kurven k und $\varkappa$ berühren sich also stets in der jeweiligen Lage des um $\mathfrak{Q}$ rotierenden Punktes $\mathfrak{E}$; sie gleiten daher aufeinander und können deshalb als Zahnprofile benutzt werden. Ihr Berührungspunkt $\mathfrak{E}$ beschreibt in der Ebene $\mathfrak{S}$ als Eingriffslinie e einen Kreisbogen um $\mathfrak{Q}$.

Lassen wir den Punkt $\mathfrak{E}$ in seiner Anfangslage mit dem Pole $\mathfrak{P}$ zusammenfallen, so verwandeln sich die Kurven k und $\varkappa$ in gespitzte

---

[1] Vgl. Art. 110 und 115.

[2] Näheres siehe **Burmester**: Kinematik S. 173ff., auch K. **Mack**: Geometrie der Getriebe, S. 37ff. Berlin: Julius Springer 1931.

Trochoiden von der bereits angegebenen Beschaffenheit (Abb. 81). Nehmen wir auf der entgegengesetzten Seite von $\mathfrak{P}$ noch einen Kreis q′ an, der dem Kreise q gleich ist und der gleichzeitig auf p und π rollt,

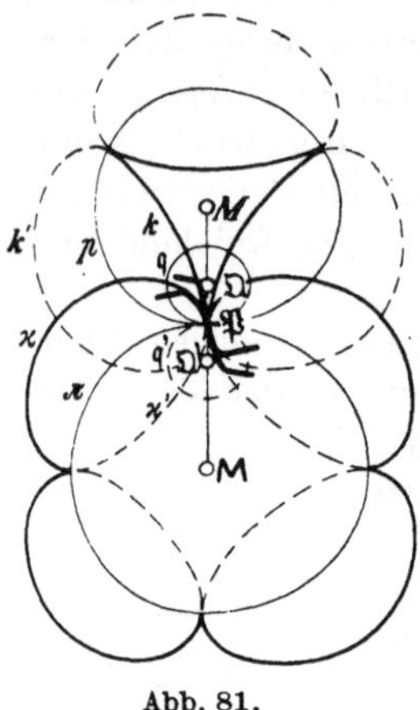

Abb. 81.

während er um seinen Mittelpunkt $\mathfrak{O}'$ rotiert, so erzeugt $\mathfrak{P}$ als Punkt von q′ in S eine gespitzte Epizykloide k′ mit drei Zügen, in Σ eine aus vier Zügen gebildete gespitzte Hypozykloide $\varkappa'$. Dann können wir jedes der beiden Zahnprofile aus zwei Bogenstücken zusammensetzen, die in $\mathfrak{P}$ ineinander übergehen: das eine aus Teilen von k und k′, das andre ebenso aus $\varkappa$ und $\varkappa'$. Diese Art der Verzahnung wird in der Praxis als Zykloidenverzahnung bezeichnet — richtiger wäre Trochoidenverzahnung. Auf die weiteren technischen Einzelheiten, wie die Abmessungen der Zähne und dergleichen, können wir hier nicht eingehen.

75. In Abb. 82 sind p und π wieder zwei Kreise, die sich um ihre Mittelpunkte M und M in der Weise drehen, daß ihr Berührungspunkt $\mathfrak{P}$ auf beiden Kreisen gleichzeitig gleiche Bogenstücke zurücklegt. Beschreiben wir um M und M in den Ebenen S und Σ zwei Kreise a und α, deren Radien sich verhalten wie $M\mathfrak{P} : \mathsf{M}\mathfrak{P}$, so ist $\mathfrak{P}$ ihr innerer Ähnlichkeitspunkt; durch ihn geht also ihre gemeinschaftliche Tangente e, deren Berührungspunkte wir mit A und A bezeichnen. Drehen sich dann a und α mit den Ebenen S und Σ, so bleibt die Lage der Tangente e in der Zeichenebene unverändert; dabei durchlaufen auch A und A auf ihren Kreisen gleichzeitig gleiche Bogenlängen. Stellen wir uns nun vor, die Gerade e sei in sich selbst verschiebbar und der Berührungspunkt A lege auf e immer denselben Weg zurück wie in derselben Zeit auf a, so gilt dasselbe vom Punkte A in bezug auf e und α, mit anderen

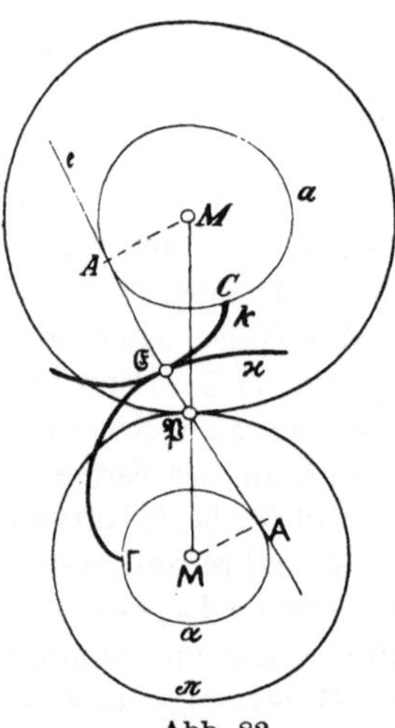

Abb. 82.

Worten: Rollt die Gerade e, während sie sich in sich selbst verschiebt, auf dem rotierenden Kreise a, so rollt sie auch auf dem Kreise α. Dann beschreibt aber ein beliebiger Punkt $\mathfrak{E}$ von e in der Ebene S eine Evolvente k von a und in der Ebene Σ eine Evolvente $\varkappa$ von α; die Spitzen C und Γ beider Kurven werden gefunden, indem man auf a den Bogen

$AC = A\mathfrak{E}$ und auf α den Bogen $\mathsf{A}\Gamma = \mathsf{A}\mathfrak{E}$ macht. Die Gerade e ist die Normale beider Evolventen in $\mathfrak{E}$. Die mit den Ebenen S und Σ sich drehenden Kurven k und $\varkappa$ berühren also einander fortwährend in einem Punkte von e und sind daher als Zahnprofile verwendbar (Evolventenverzahnung). Die Gerade e stellt jetzt die Eingriffslinie dar.

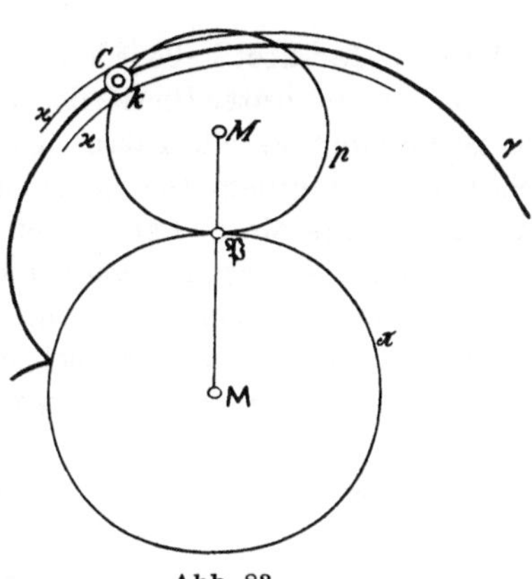

Abb. 83.

76. In Abb. 83 beschreibt ein beliebiger Punkt C des Kreises p in der Ebene Σ des Kreises π, während beide aufeinander rollen, eine gespitzte Epizykloide γ. Macht man diese zur Leitkurve einer widerstandsfähigen Zylinderfläche, deren Erzeugende auf der Zeichenebene senkrecht stehen, und ersetzt man C durch einen Stift von gleicher Lage, so gleitet der Zylinder, wenn Σ um M gedreht wird, beständig an dem Stifte und bewirkt dadurch eine Drehung der Ebene S um M. Verfährt man ebenso mit andern Punkten von p, die gleichmäßig über den Kreis verteilt sind, so entsteht eine sogenannte Punktverzahnung.

Ein Kreis k der Ebene S, der C zum Mittelpunkt hat, erzeugt in der Ebene Σ als Hüllbahnkurve $\varkappa$ eine aus zwei Teilen bestehende Parallelkurve der Epizykloide γ. Betrachtet man k und $\varkappa$ wie vorher als Leitkurven von Zylinderflächen, so gelangt man zur Triebstockverzahnung.

Fünftes Kapitel.

Das Kurbelgetriebe.

Die verschiedenen Arten des Kurbelgetriebes.

77. Wenn aus einem Gelenkviereck durch Feststellung eines Gliedes ein Kurbelgetriebe entstanden ist[1], so kann jeder der beiden Arme entweder ganze Umdrehungen um seinen festen Drehpunkt ausführen oder nur zwischen gewissen Grenzen hin- und herschwingen. Im ersten Fall bezeichnen wir ihn als Kurbel, im zweiten Fall als Schwinge. Demnach unterscheiden wir drei Hauptarten des Kurbelgetriebes:

---

[1] Vgl. Art. 51.

1. das **Doppelkurbelgetriebe**, bei dem beide Arme Kurbeln sind,

2. das **Schwingkurbelgetriebe**, bei dem der eine Arm Kurbel, der andre Schwinge ist,

3. das **Doppelschwinggetriebe**, bei dem beide Arme Schwingen sind.

Welcher der drei Fälle jedesmal vorliegt, hängt von den Längen der vier Glieder ab, unter Umständen aber auch davon, welches der Glieder wir gerade festgestellt haben. Um diese Abhängigkeit zu ermitteln, gehen wir von einem Gelenkviereck aus, dessen Glieder a, b, c, d von endlicher Länge sind. Dabei sollen a und b, folglich auch c und d einander gegenüberliegen, ferner möge jeder Buchstabe zugleich das Glied und dessen Länge angeben. Außerdem wollen wir voraussetzen, daß unter den vier Gliedern sich **ein** kleinstes und **ein** größtes Glied befinden; das kleinste nennen wir immer a.

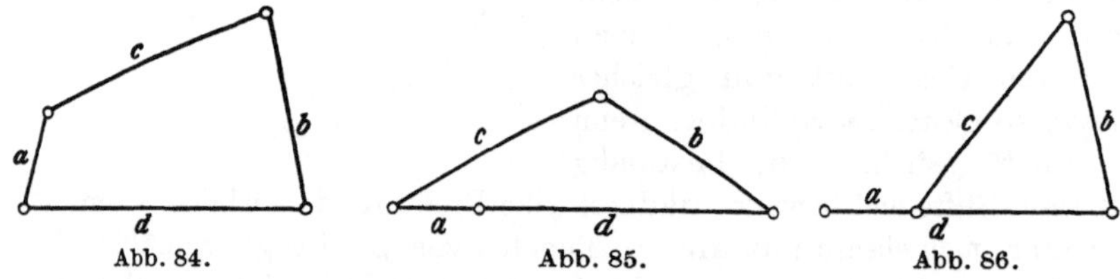

Abb. 84.   Abb. 85.   Abb. 86.

Dann sind drei Fälle möglich, die wir mit 1, 2, 3 bezeichnen wollen; es kann nämlich 1. die Summe des kleinsten und größten Gliedes kleiner sein als die Summe der beiden andern oder 2. ihr gleich oder 3. größer als diese. Hier unterscheiden wir jedesmal wieder, ob α) das größte Glied dem kleinsten a benachbart ist — und dann wollen wir unter d das größte Glied verstehen — oder β) das größte Glied dem kleinsten a gegenüber liegt — und dann ist b das größte Glied.

Wir beginnen mit dem **Fall 1 α**, in Abb. 84 sei also $a < b, c < d$ und

$$a + d < b + c. \qquad\qquad \text{(I)}$$

Jetzt ist um so mehr

$$a + b < c + d \qquad\qquad \text{(II)}$$

und

$$a + c < b + d. \qquad\qquad \text{(III)}$$

Zufolge der Ungleichung (I) kann das Glied a in die Verlängerung von d gedreht werden (Abb. 85). Wir können es aber auch nach der entgegengesetzten Seite umlegen, so daß es ganz in d hineinfällt, denn nach (II) ist $b < c + (d - a)$, mithin läßt sich immer das in Abb. 86 gezeichnete Dreieck bilden. Das Glied a kann demnach gegen d volle Umdrehungen ausführen und umgekehrt natürlich auch d gegen a. Dagegen können wir b gegen c nach der einen Seite nicht weiter drehen, als Abb. 85 darstellt, und nach der andern Seite nicht weiter, als Abb. 86 angibt; diese Abbildungen bestimmen also zwei Grenzlagen für die Drehung von b gegen c. Mit andern Worten: Das Glied a ist Kurbel gegen d und umgekehrt d gegen a, aber b ist Schwinge gegen c und ebenso c gegen b.

Nach Ungleichung (III) kann ferner das Glied a in die Verlängerung von c fallen (Abb. 87), und nach (I) kann es in c umgeklappt werden, weil $d < b + (c - a)$ ist (Abb. 88), d. h. a ist Kurbel gegen c und c gegen a, dagegen ist b Schwinge gegen d und umgekehrt.

Zusammenfassend können wir also sagen: Im Fall 1α erhalten wir durch Feststellung des kleinsten Gliedes a ein Doppelkurbelgetriebe, durch Feststellung eines der ihm benachbarten Glieder d oder c ein Schwingkurbelgetriebe mit der Kurbel a, endlich durch Feststellung des ihm gegenüberliegenden Gliedes b ein Doppelschwinggetriebe.

Im Fall 1β ist $a < c, d < b$ und

$$a + b < c + d,$$

also erst recht

$$a + c < b + d$$

und

$$a + d < b + c.$$

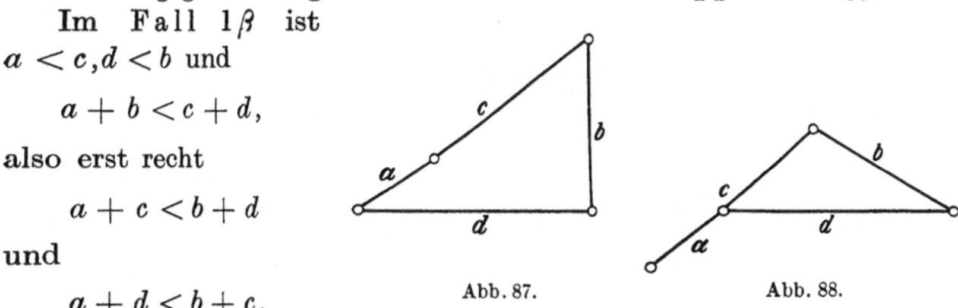

Abb. 87.　　　　　　　　　　Abb. 88.

Das sind aber dieselben Ungleichungen wie im vorhergehenden Falle, nur in der Reihenfolge (II), (III), (I); mithin gelten auch wieder dieselben Schlüsse, und das Ergebnis bleibt unverändert.

Fall 2α. Ist $a < b, c < d$, jedoch

$$a + d = b + c, \tag{I'}$$

so bestehen wieder die Ungleichungen (II) und (III). Jetzt verwandeln sich die Abb. 85 und 88 zugleich in die Abb. 89, in der das Gelenkviereck in eine einzige Gerade zusammengeklappt erscheint, dagegen sind die Abb. 86 und 87 immer noch möglich; wir gelangen demnach wieder zu demselben Satze wie unter Iα.

Entsprechend verhält sich der Fall 2β:

$$a < c, d < b \quad \text{und} \quad a + b = c + d. \tag{II'}$$

Hier gelten abermals die Ungleichungen (I) und (III); die Figuren 86 und 88 arten gleichzeitig in eine gerade Linie aus, wie Abb. 90 angibt, dagegen können die Dreiecke 85 und 87 noch immer gezeichnet werden.

In beiden Fällen unter 2 handelt es sich um ein sogenanntes durchschlagendes Kurbelgetriebe wie in Art. *36.

Im Fall 3α ist $a < b, c < d$ und

$$a + d > b + c. \tag{I''}$$

Dann ist erst recht

$$b + d > a + c \tag{III}$$

und

$$c + d > a + b. \tag{II}$$

Unter der Bedingung (I'') sind Figuren wie 85 und 88 unmöglich, während solche wie 86 und 87 möglich bleiben. Demnach kann keines der Glieder gegen ein anstoßendes volle Umdrehungen machen, aus dem Gelenkviereck entsteht also — welches Glied wir auch feststellen mögen — stets ein Doppelschwinggetriebe.

Zu demselben Ergebnis führt der **Fall** 3β, wo $a < c, d < b$ und

$$a + b > c + d \tag{II''}$$

ist. Hier gelten noch die Ungleichungen (I) und (III). Wegen (II'') ist $d - a < b - c$ und $c - a < b - d$, und deshalb sind Dreiecke,

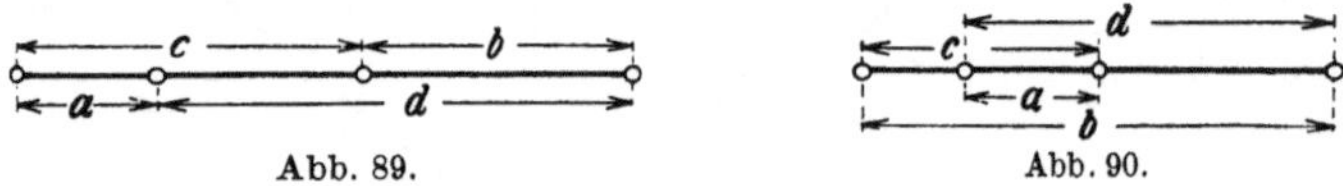

Abb. 89.   Abb. 90.

wie sie in den Abb. 86 und 88 vorkommen, nicht mehr möglich, wohl aber solche, wie in 85 und 87.

Aus diesen sämtlichen Darlegungen folgt schließlich der Satz von Grashof: **Ein Gelenkviereck kann nur dann ein Schwingkurbelgetriebe oder ein Doppelkurbelgetriebe liefern, wenn die Summe des kleinsten und größten Gliedes nicht größer ist als die Summe der beiden andern Glieder, und zwar ergibt sich dann durch Feststellen des kleinsten Gliedes ein Doppelkurbelgetriebe, durch Feststellen eines der beiden diesem benachbarten Glieder ein Schwingkurbelgetriebe, bei dem das kleinste Glied die Kurbel ist; in allen andern Fällen gehen Doppelschwinggetriebe aus dem Gelenkviereck hervor**[1].

Analoge Überlegungen gelten auch, wenn wir die Voraussetzung fallen lassen, daß sich unter den vier Gliedern nur ein kleinstes und nur ein größtes Glied befindet. Sind z. B. zwei kleinste Glieder vorhanden, ist etwa $a = b < c < d$, so ist selbstverständlich $a + d > b + c$ und $b + d > a + c$ sowie $c + d > a + b$. Das sind aber die früher mit (I''), (III) und (II) bezeichneten Ungleichungen des Falles 3α, aus

---

[1] Grashof: Theoretische Maschinenlehre Bd. 2, S. 117. Berlin 1883.

denen wir wie dort schließen können, daß ein Doppelschwinggetriebe vorliegt, gleichgültig, welches Glied wir festhalten.

78. Die Bewegungsvorgänge bei den verschiedenen Arten von Kurbelgetrieben. Wir gehen wieder aus von dem in Abb. 84 dargestellten Gelenkviereck, bei dem $a < b, c < d$ und $a + d < b + c$ ist. Jetzt betrachten wir das Glied d als fest und bezeichnen es deshalb wie früher mit AB (Abb. 91). Als freier Endpunkt des aus den Strecken a und c gebildeten Gelenks, das um A drehbar wäre, könnte der Punkt B alle möglichen Lagen auf und zwischen den Kreisen um A mit den Radien $c \pm a$ einnehmen; diese Kreise schneiden unter den gemachten Voraussetzungen jedenfalls den Bahnkreis β von B in den Grenzlagen $B_1, \mathfrak{B}_1$ und $B_2, \mathfrak{B}_2$. Dagegen treffen die Kreise, die um B mit den Radien $c \pm b$ beschrieben werden, den Bahnkreis α des Punktes A nicht, wir erhalten also in Übereinstimmung mit dem Grashofschen Satze — wie schon aus den Abb. 85 bis 88 hervorgeht — ein Schwingkurbelgetriebe, bei dem der Arm a volle Umdrehungen macht. — Führen wir den Punkt A von A_1 aus auf dem Bogen $A_1 A A_2$, so gelangt B von B_1 über

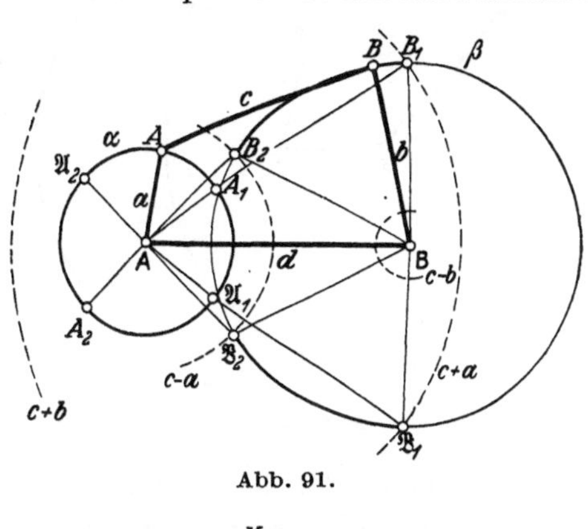

Abb. 91.

Abb. 91 a.

B nach B_2. Geht A in demselben Sinne weiter, so kehrt B in B_2 um und kommt auf demselben Wege wieder nach B_1, während A den Bogen $A_2 \mathfrak{A}_1 A_1$ zurücklegt. Denken wir uns aber das Glied BB in der Richtung von B_1 nach B_2 getrieben, so kann A in A_2 entweder gleichfalls umkehren oder sich in demselben Sinne weiter bewegen. Deshalb nennt man B_1 und B_2 Umkehrpunkte, dagegen A_1 und A_2 Wechselpunkte. Gemeinsam heißen sie auch Totpunkte, und die zugehörigen Koppellagen werden als Totlagen bezeichnet. — Für die Totlage $A_1 B_1$ ist B_1 der momentane Pol und B_1B die Polkurventangente (vgl. Art. 27).

Eine zweite Reihe von Koppellagen befindet sich zwischen $\mathfrak{A}_1\mathfrak{B}_1$ und $\mathfrak{A}_2\mathfrak{B}_2$. Um die vollständige Koppelkurve zu erhalten, die ein mit A und B fest verbundener Punkt K erzeugt, müssen wir das Dreieck ABK, ohne es umzuwenden, nachträglich noch verschieben, bis B auf den Bogen $\mathfrak{B}_1\mathfrak{B}_2$ fällt, oder — was auf dasselbe hinauskommt — wir müssen das Gelenkviereck bei A oder bei B öffnen, die so entstehenden Teile um A und B drehen und sie auf der entgegengesetzten Seite von AB wieder zusammenschließen (Abb. 91a).

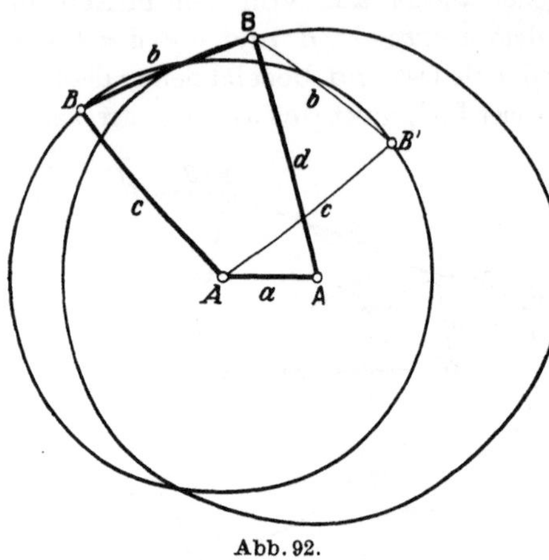

Abb. 92.

79. Durch Feststellen des kleinsten Gliedes a erhalten wir aus demselben Gelenkviereck ein **Doppelkurbelgetriebe** (Abb. 92). Von der Anfangslage BB der Koppel ausgehend durchlaufen die Punkte B und B gleichzeitig volle Kreise um A und A, weil die Kreisbögen, die wir bzw. um A und A mit den Radien $d \pm b$ und $c \pm b$ beschreiben können, jene Bahnkreise nicht schneiden. Die Koppel gelangt aber dabei niemals in die Lage BB'; um ihre sämtlichen Lagen zu erhalten, müssen wir sie deshalb noch einmal, jetzt von BB' ausgehend, zwischen den Bahnkreisen gleiten lassen.

80. Halten wir dagegen in Abb. 84 das Glied b fest, so schneiden die Kreisbögen, die um B und B bzw. mit den Radien $c \pm a$ und $d \pm a$ geschlagen werden, die Bahnkreise der Punkte A und A jedesmal in zwei Punkten, und dadurch entstehen auf jedem dieser Kreise zwei getrennte Bögen, die in bezug auf die Gerade BB symmetrisch liegen und die von den Endpunkten der Koppel AA doppelt durchlaufen werden, bis diese in die jeweilige Anfangslage zurückkehrt. Wir erhalten daher ein **Doppelschwinggetriebe** mit acht Totlagen der Koppel AA (Abb. 93).

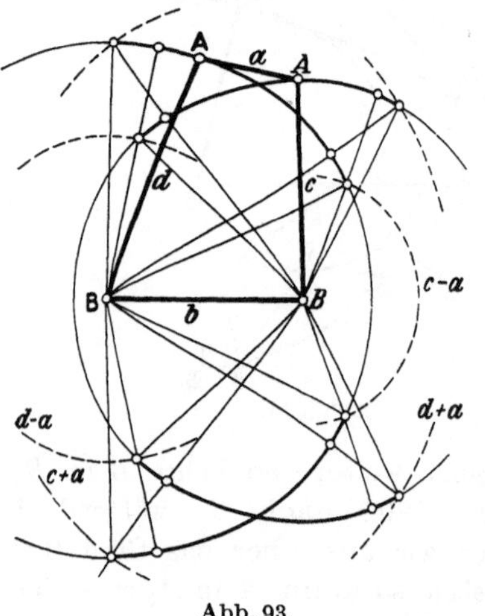

Abb. 93.

Dieselben Betrachtungen, wie wir sie für den Fall 1α des Art. 77 im Anschluß an die Abb. 91 bis 93 angestellt haben, gelten auch im Fall 1β. Somit werden bei allen Kurbelgetrieben, in denen die Summe des kleinsten und größten Gliedes kleiner ist als die Summe der beiden andern Glieder, alle überhaupt möglichen Koppellagen nicht in einem kontinuierlichen Zuge, sondern in zwei getrennten Zügen durchlaufen.

81. Wenn wir in Abb. 91 die Gliedlängen a, b, c unverändert lassen, aber das größte Glied d so weit vergrößern, bis $a + d = b + c$ wird, so berühren die Kreise, die um A und B bzw. mit den Radien $c - a$ und $c + b$ beschrieben werden, die Kreise β und α in B_2 und A_2, und es entsteht ein durchschlagendes Schwingkurbelgetriebe (Abb. 94, vgl. auch Abb. 89). Hier vereinigen sich die beiden vorher getrennten Bögen $B_1 B_2$ und $\mathfrak{B}_1 \mathfrak{B}_2$ des Kreises β zu einem Bogen $B_1 B_2 \mathfrak{B}_1$. Bewegt sich die Koppel $A B$ von der Totlage $A_1 B_1$ aus, indem das Glied a entgegengesetzt dem Sinne des Uhrzeigers um A rotiert, so können A und B die Gerade A B bei A_2 und B_2 in gleicher Richtung überschreiten. Stößt

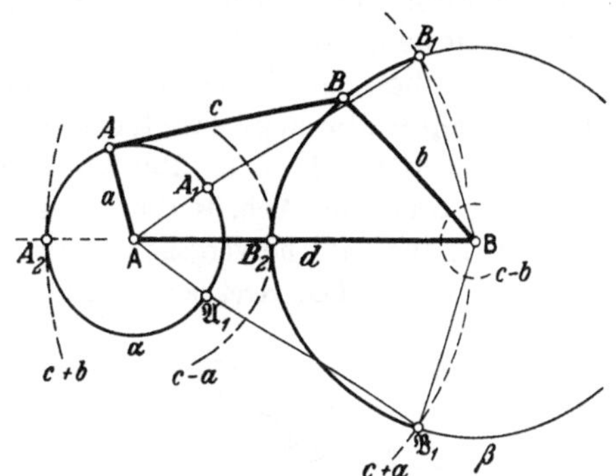

Abb. 94.

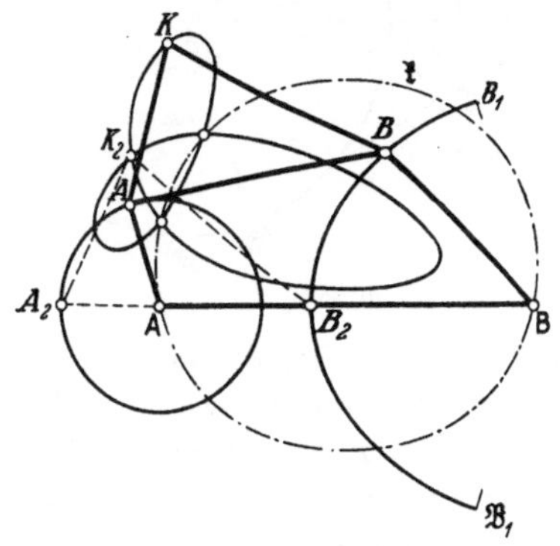

Abb. 94 a.

aber die Koppel auf eine in der Nähe von B_2 angebrachte Stütze, so kehrt der Punkt B um, und während A eine volle Umdrehung ausführt, durchläuft B den Bogen $B_1 B_2$ hin- und hergehend. Ist kein solches Hindernis vorhanden, so kommt die Koppel nach dem Durchgang durch $A_2 B_2$ in die Totlage $\mathfrak{A}_1 \mathfrak{B}_1$. Dann kehrt B um, und wenn der Punkt A nach einer vollen Umdrehung wieder nach A_1 gelangt ist, so befindet sich B noch zwischen $\mathfrak{B}_1$ und B_2. Beginnt a eine zweite Umdrehung, so überschreiten A und B gleichzeitig die Durchschlagslage, aber in entgegengesetzter Richtung, und erst, wenn A zum zweiten Male nach A_1 zurückkehrt, kommt B wieder nach B_1. Die Schwinge b macht also einen Hin- und Hergang, während die Kurbel a zwei volle

Umdrehungen ausführt. Daraus folgt weiter, daß jetzt alle überhaupt möglichen Koppellagen nacheinander in einem Zuge durchlaufen werden. — Abb. 94a zeigt die Kurve, die ein beliebiger Punkt K der Koppelebene beschreibt. Wegen der Doppelpunkte dieser Kurve vgl. Art. 86 und 87.

Die analoge Untersuchung der übrigen Fälle des durchschlagenden Kurbelgetriebes, die sich durch Feststellen eines andern Gliedes aus Abb. 94 ergeben, sowie derjenigen, bei denen das größte Glied dem kleinsten gegenüberliegt, bereitet keine Schwierigkeiten.

82. Wir betrachten in Abb. 95 nur noch das Doppelschwinggetriebe, das aus Abb. 94 durch eine nochmalige Vergrößerung des festen Gliedes d hervorgeht; hier ist also $a < b$, $c < d$ und $a + d > b + c$. Die Kreisbögen, die wir jetzt um A und B bzw. mit

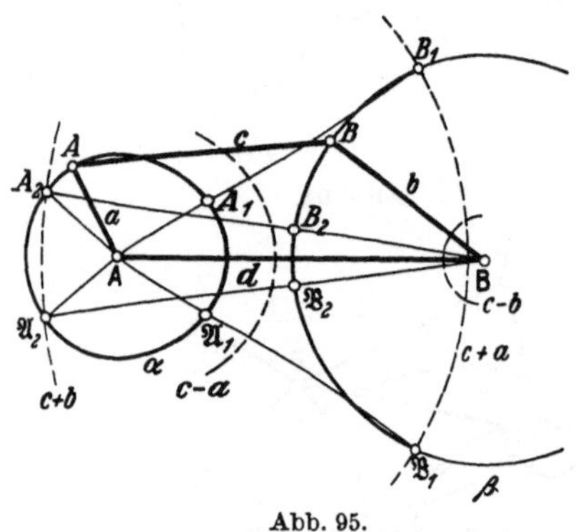

den Radien $c + a$ und $c + b$ beschreiben, begrenzen auf β und α die Bögen $B_1\mathfrak{B}_1$ und $A_2\mathfrak{A}_2$, die von den Punkten B und A hin- und hergehend durchlaufen werden. Dieses Doppelschwinggetriebe ist demnach von dem in Abb. 93 dargestellten wesentlich verschieden, denn es hat nur vier Totlagen, und die Koppel $A B$ durchläuft ihre sämtlichen Lagen in einem kontinuierlichen Zuge (vgl. hierzu auch Abb. 7).

Abb. 95.

Hinsichtlich der Gestalt der Koppelkurven, die von einem Kurbelgetriebe erzeugt werden, ergibt sich aus allen diesen Darlegungen schließlich der Satz: Zweiteilige Koppelkurven entstehen dann und nur dann, wenn die Summe des kleinsten und größten Gliedes kleiner ist als die Summe der beiden anderen; in allen anderen Fällen bestehen die Koppelkurven immer aus einem einzigen geschlossenen Zuge.

Die Koppelkurve.

83. Die dreifache Erzeugung der Koppelkurve. Wir gehen aus von einem beliebigen Dreieck $A\,BC$, teilen seine Basis $A\,B$ durch die Punkte $A_1, A_2 \ldots A_{n-1}$ in n beliebige Teile, ziehen durch die Teilpunkte Parallelen zu den beiden anderen Seiten und zerlegen so das gegebene Dreieck in n Dreiecke, die dem gegebenen ähnlich sind, und in $\frac{1}{2} n(n-1)$ Parallelogramme. Fassen wir die Dreiecke und die Parallelogrammseiten als starr, aber untereinander gelenkig verbunden auf, so erhalten wir einen **ebenen Gelenkmechanismus**, und von diesem behaupten wir: **Wie wir ihn auch verbiegen mögen, immer bleibt die Gestalt des Dreiecks ABC unverändert.**

Beweis. In Abb. 96 verhält sich $AC_1 : C_1C_2 : C_2C_3 \ldots = AA_1 : A_1A_2 : A_2A_3 \ldots = CB_1 : B_1B_2 : B_2B_3 \ldots$, und dieselben Proportionen gelten auch noch nach der in Abb. 97 dargestellten Verbiegung. Bezeichnen wir die Winkel des gegebenen Dreiecks kurz mit A, B und C und den Winkel bei A_1 im Parallelogramm $C_1A_1DC_2$ der neuen Figur mit ψ, so ist in dieser $\angle AC_1C_2 = C + 180^0 - \psi$ und $\angle AA_1A_2 = 360^0 - A - B - \psi = 180^0 + C - \psi$, also $= \angle AC_1C_2$.

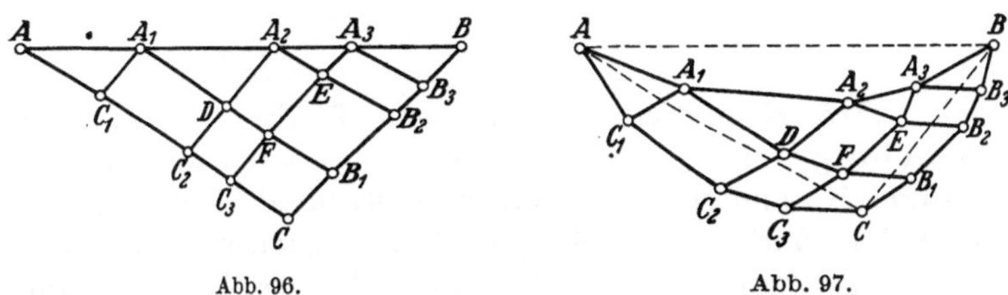

Abb. 96.   Abb. 97.

Ebenso ist $\angle A_1A_2A_3 = \angle A_1DF = \angle C_1C_2C_3$ usw., mithin sind die Vielecke $AC_1C_2 \ldots C$ und $AA_1A_2 \ldots B$ einander ähnlich, und es verhält sich

$$AC : AB = AC_1 : AA_1,$$

d. h. wie die Seiten AC und AB des ursprünglich gegebenen Dreiecks. In derselben Weise ergibt sich, daß die Strecken CB und AB in beiden Figuren in demselben Verhältnis stehen, also bilden die Punkte A, B, C in Abb. 97 in der Tat ein Dreieck, das dem gegebenen ähnlich ist.

Teilen wir in Abb. 96 die Seite AB insbesondere in $n = 3$ beliebige Teile und verfahren im übrigen genau wie vorhin, so entsteht der in Abb. 98 dargestellte Gelenkmechanismus, bei dem das von den Punkten A, B und C gebildete Dreieck wieder ähnlich veränderlich ist. Zeichnen wir hier über DC_2 das Dreieck DC_2G kongruent dem Dreieck A_1C_1A und über DB_1 das Dreieck DB_1H kongruent dem Dreieck A_2B_2B, so ist $AG \parallel\!\!\!= A_1D$ und $BH \parallel\!\!\!= A_2D$; ersetzen wir also die Strecken AG und BH durch Stäbe, die in A und G bzw. in B und H mit den anstoßenden Gliedern gelenkig verbunden sind, so wird dadurch die Beweglichkeit des Mechanismus nicht gehindert. Jetzt können wir endlich die Stäbe C_1C_2 und B_1B_2 ganz entfernen und die Dreiecke AA_1C_1 und A_2BB_2 nur durch die Stäbe AA_1 und A_2B ersetzen; in dem so entstehenden Gelenkmechanismus bilden immer noch die Punkte A, B und C ein Dreieck, das dem Dreieck A_1A_2D fortwährend ähnlich bleibt (Abb. 99). Halten wir also die Punkte A und B fest, so bleibt auch der Punkt C bei jeder Verbiegung des Mechanismus in

6*

Ruhe. Dann stellt unsere Figur aber drei Kurbelgetriebe dar mit den festen Gliedern AB, AC und CB und den Koppeldreiecken A_1A_2D, GC_2D und B_1HD, die im Punkte D drehbar zusammengeschlossen sind, und wir erhalten ohne weiteres den bemerkenswerten *Satz von*

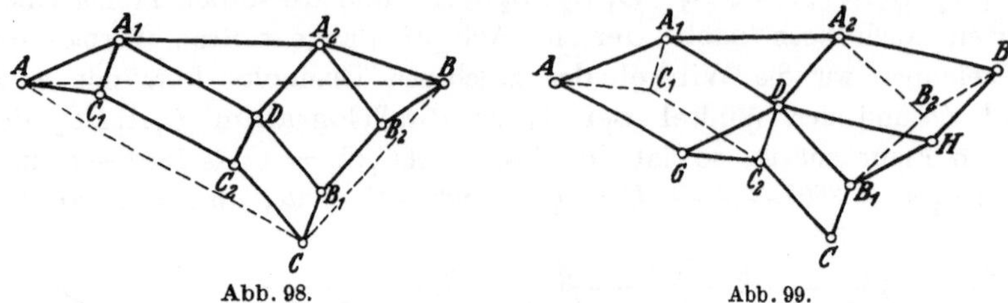

<table>
<tr><td>Abb. 98.</td><td>Abb. 99.</td></tr>
</table>

Roberts: **Die Koppelkurve, die ein Punkt D vermittels eines Kurbelgetriebes beschreibt, kann auch noch durch zwei andre Kurbelgetriebe erzeugt werden**[1]. Betrachten wir in Abb. 99 das Kurbelgetriebe AA_1A_2B als ursprünglich gegeben, so folgt aus den vorhergehenden Darlegungen sofort die Vorschrift für die Konstruktion der beiden andern Kurbelgetriebe AGC_2C und CB_1HB.

In Abb. 100 haben wir das gegebene Kurbelgetriebe wie früher mit $ABBA$ bezeichnet und den beschreibenden Punkt mit K. Um die beiden andern Getriebe zu konstruieren, vermittels deren der Punkt K dieselbe Koppelkurve erzeugt, zeichnen wir die Parallelogramme $AAKA_1$ und $BBKB_2$, darauf die Dreiecke A_1KC_1 und KB_2C_2 ähnlich dem Dreieck ABK und das Parallelogramm $C_1KC_2\Gamma$; dann sind $A\Gamma C_1A_1$ und $B\Gamma C_2B_2$ die gesuchten Kurbelgetriebe. **Dabei ist das Dreieck $AB\Gamma$, das die drei festen Drehpunkte bilden, gleichsinnig ähnlich dem Dreieck ABK.**

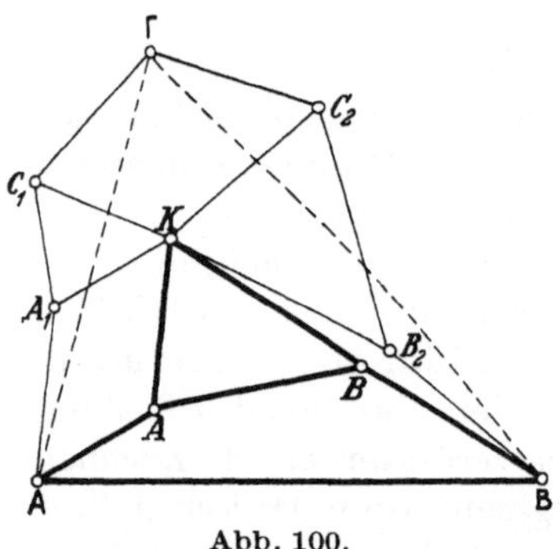

Abb. 100.

Wenn es in der Praxis sich als notwendig erweist, einen Punkt auf einer bestimmten Koppelkurve zu führen und wenn das hierzu erforderliche Kurbelgetriebe unbequeme Abmessungen besitzt, dann besteht der Wert des Robertsschen Satzes eben darin, daß er uns immer noch zwei andere Kurbelgetriebe liefert, die dem Punkte dieselbe Bewegung erteilen.

---

[1] Roberts: Three-bar Motion in Plane Space, Proceedings of the London Mathematical Society 1875, vol. VII, p. 14. Vgl. auch J. Kleiber: Beitrag zur kinematischen Theorie der Gelenkmechanismen, Z. Math. Phys. 36 (1891) S. 296.

Ist in Abb. 100 ABBA ein durchschlagendes Kurbelgetriebe, so gilt dasselbe von den beiden andern Getrieben, die in Verbindung mit K dieselbe Koppelkurve erzeugen. Dies ergibt sich ohne weiteres, wenn man bei der soeben abgeleiteten Konstruktion von der Durchschlagslage der Koppel ausgeht (Abb. 101).

84. Die Koppelkurve in analytischer Behandlung. Um die Gleichung der Koppelkurve abzuleiten, die der Punkt K in Verbindung mit dem Kurbelgetriebe ABBA beschreibt, wählen wir den Punkt A zum Anfangspunkt eines rechtwinkligen Koordinatensystems, dessen positive x-Achse von A nach B gerichtet ist (Abb. 102). Bezeichnen wir die Koordinaten der Punkte K, A und

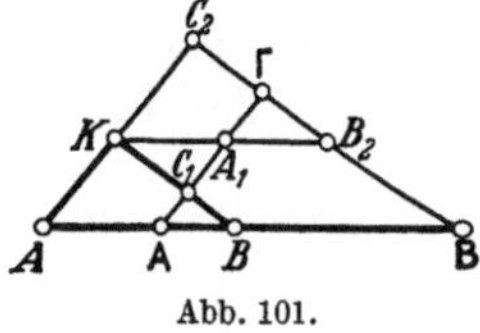

Abb. 101.

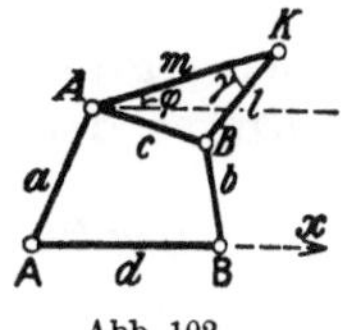

Abb. 102.

B bzw. mit x, y; x', y' und x'', y'' und setzen wie früher $A\mathsf{A} = a$, $B\mathsf{B} = b$, $\mathsf{AB} = d$ und ferner $AK = m$, $BK = l$, $\angle\, AKB = \gamma$, sowie den Winkel, den die Richtung AK mit der positiven x-Achse einschließt, gleich φ, so ist

$$x' = x - m\cos\varphi \qquad\qquad x'' = x - l\cos(\varphi + \gamma)$$
$$y' = y - m\sin\varphi \qquad\qquad y'' = y - l\sin(\varphi + \gamma).$$

Dann sind die Gleichungen der Kreise, die von den Punkten A und B beschrieben werden,

$$x'^2 + y'^2 = a^2 \qquad\mid\qquad (x'' - d)^2 + y''^2 = b^2;$$

aus ihnen ergibt sich durch Einsetzen der Werte für x', y' und x'', y''

$$2mx\cos\varphi + 2my\sin\varphi = x^2 + y^2 + m^2 - a^2 \tag{1}$$

und

$$2l(x - d)\cos(\varphi + \gamma) + 2ly\sin(\varphi + \gamma) = (x - d)^2 + y^2 + l^2 - b^2$$

oder

$$2l[(x - d)\cos\gamma + y\sin\gamma]\cos\varphi - 2l[(x - d)\sin\gamma - y\cos\gamma]\sin\varphi$$
$$= (x - d)^2 + y^2 + l^2 - b^2. \tag{2}$$

Setzen wir noch zur Abkürzung

$$(x - d)\cos\gamma + y\sin\gamma\ = v$$
$$(x - d)\sin\gamma - y\cos\gamma\ = w$$
$$x^2 + y^2 + m^2 - a^2\quad\ = R$$
$$(x - d)^2 + y^2 + l^2 - b^2 = S,$$

so gehen (1) und (2) über in

$$2\,m\,x\cos\varphi + 2\,m\,y\,\sin\varphi = R \tag{1'}$$

$$2\,l\,v\cos\varphi - 2\,l\,w\,\sin\varphi = S. \tag{2'}$$

Aus beiden Gleichungen folgt, wenn wir einmal $\sin\varphi$, dann $\cos\varphi$ eliminieren,

$$2\,l\,m\,(xw + yv)\cos\varphi = l\,w\,R + m\,y\,S$$

$$2\,l\,m\,(xw + yv)\sin\varphi = l\,v\,R - m\,x\,S.$$

Hieraus ergibt sich durch Quadrieren und Addieren die Gleichung der Bahnkurve des Punktes K in der Form

$$(l\,w\,R + m\,y\,S)^2 + (l\,v\,R - m\,x\,S)^2 = 4\,l^2 m^2 (xw + yv)^2 \tag{3}$$

oder

$$l^2(v^2 + w^2)\,R^2 - 2\,l\,m\,R\,S\,(xv - yw) + m^2(x^2 + y^2)\,S^2$$
$$- 4\,l^2 m^2 (xw + yv)^2 = 0$$

oder endlich

$$l^2\,[(x - d)^2 + y^2]\,(x^2 + y^2 + m^2 - a^2)^2$$
$$- 2\,l\,m\,[(x^2 + y^2 - d\,x)\cos\gamma + d\,y\sin\gamma]\,(x^2 + y^2 + m^2 - a^2)\,[(x - d)^2 + y^2 + l^2 - b^2] \tag{4}$$
$$+ m^2(x^2 + y^2)\,[(x - d)^2 + y^2 + l^2 - b^2]^2$$
$$- 4\,l^2 m^2\,[(x^2 + y^2 - d\,x)\sin\gamma - d\,y\cos\gamma]^2 = 0$$

Die Koppelkurve ist hiernach von der sechsten Ordnung.

*85. Alle Kreise einer Ebene sind bekanntlich als Kegelschnitte aufzufassen, die durch dieselben zwei unendlich fernen, imaginären Punkte J und J' — die imaginären Kreispunkte oder absoluten Punkte der Ebene — gehen. Wir setzen weiter als bekannt voraus, daß die durch die Gleichung

$$y = M\,x + n \tag{5}$$

dargestellte Gerade einen der imaginären Kreispunkte enthält, wenn ihre Richtungskonstante $M = \pm i, = \pm\sqrt{-1}$ ist. — Jede reelle Kurve, die durch den Punkt J geht, enthält auch den Punkt J' und wird als eine zirkulare Kurve bezeichnet. Ihre Tangenten — Asymptoten — in J und J' schneiden sich in einem reellen Punkte, dem Fokalzentrum der Kurve. Das Fokalzentrum eines Kreises ist sein Mittelpunkt.

Dieses vorausgeschickt, kehren wir zur Koppelkurve zurück. Um ihre Schnittpunkte mit der durch die Gleichung (5) gegebenen Geraden zu ermitteln — wobei die Konstanten M und n nicht reell zu sein brauchen — ersetzen wir in Gleichung (4) des vorigen Artikels y durch

$M\,x + n$ und erhalten so eine Gleichung sechsten Grades in x, die uns die Abszissen der sechs reellen oder imaginären Schnittpunkte liefert. Ist nun $M = \pm i$, also nach (5)

$$x^2 + y^2 = \pm 2inx + n^2,$$

so verschwinden die Glieder vom sechsten bis vierten Grade, von den sechs Wurzeln der Gleichung werden also drei unendlich groß. Dann enthält aber die Gerade einen der imaginären Kreispunkte, und dieser zählt für drei Schnittpunkte mit der Kurve in jeder durch ihn gehenden Geraden. Die Koppelkurve hat demnach die imaginären Kreispunkte zu dreifachen Punkten, mit andern Worten: Sie ist eine „trizirkulare‟ Kurve sechster Ordnung. Die unendlich ferne Gerade der Ebene hat mit ihr also, abgesehen von J und J', keine weiteren Punkte gemein.

In jedem der imaginären Kreispunkte hat die Kurve drei Asymptoten, und diese schneiden sich mit denen des andern Kreispunktes paarweise in drei reellen Punkten; die Kurve hat folglich drei Fokalzentra. — Für die Geraden, die den Koordinatenanfangspunkt A mit J und J' verbinden, ist $n = 0$, also $y = \pm ix$ und $x^2 + y^2 = 0$; für ihre Schnittpunkte mit der Kurve verschwindet daher auch noch das Glied dritten Grades in x, d. h. die Geraden AJ und AJ' berühren die Kurve in J und J', mithin ist A ein Fokalzentrum der Kurve. Dasselbe gilt selbstverständlich auch von dem anderen Endpunkte B des festen Gliedes AB des betrachteten Kurbelgetriebes sowie von dem dritten Drehpunkte Γ, der bei der Erzeugung der Kurve durch die beiden andern Kurbelgetriebe in Abb. 100 gefunden wurde. Beschränken wir uns aber auf das gegebene Kurbelgetriebe, so wird das dritte Fokalzentrum Γ definiert durch die Bedingung, daß das Dreieck ABΓ dem Koppeldreieck ABK gleichsinnig ähnlich ist.

Dadurch, daß die drei Fokalzentra die festen Drehpunkte des Gelenkmechanismus bilden, der die dreifache Erzeugung der Kurve bewirkt, erscheint die Koppelkurve unter den Kurven sechster Ordnung gewissermaßen als das Gegenstück zum Kreise als demjenigen Kegelschnitt, der mechanisch in ähnlicher Weise, nämlich durch Drehung einer starren Strecke um seinen Mittelpunkt, erzeugt wird.

86. Die Doppelpunkte der Koppelkurve. Wenn der beschreibende Punkt, wie in Abb. 103, durch die mit K bezeichnete Stelle zweimal hindurchgeht, so gehören zu dieser zwei verschiedene Koppellagen AB und $A'B'$. Dann ist $\angle AKB = \angle A'KB'$, also auch $\angle AKA' = \angle BKB'$, mithin als Hälften dieser Winkel $\angle AK\mathsf{A} = \angle BK\mathsf{B}$, folglich $\angle AKB = \angle \mathsf{A}K\mathsf{B}$, d. h. $= \angle \mathsf{A}Γ\mathsf{B}$, wenn Γ wieder den dritten Drehpunkt bei der dreifachen Erzeugung der Bahnkurve $\varkappa$ des Punktes K bedeutet. Daraus folgt[1]: Jeder Doppelpunkt der Koppelkurve $\varkappa$ liegt auf dem durch die drei festen Punkte A, B, Γ gehenden Kreise k.

Umgekehrt ist jeder Schnittpunkt der Koppelkurve mit dem Kreise k ein Doppelpunkt der Kurve. Denn ist ABK eine solche Lage des Koppeldreiecks, bei der sich der Punkt K auf dem Kreise k befindet, so ist $\angle AKB = \angle AKB$, also auch $\angle AKA = \angle BKB$. Liegen nun die Punkte A' und B' der Bahnkreise α und β bzw. symmetrisch zu A und B in bezug auf AK und BK, so ist $\angle AKA' = \angle BKB'$, mithin $\angle A'KB' = \angle AKB = \angle AKB$, und demnach ist $\triangle A'KB'$ eine zweite Lage des Koppeldreiecks, d. h. K ist ein Doppelpunkt des Kurve $\varkappa$.

*Da die Kurve $\varkappa$ von der sechsten Ordnung ist und die imaginären Kreispunkte J und J' zu dreifachen Punkten hat, so kann sie mit jedem Kreise ihrer Ebene außer J und J' nur noch sechs Schnittpunkte gemein haben. Aber jeder Schnittpunkt von $\varkappa$ mit k ist ein Doppelpunkt von $\varkappa$, zählt also für zwei Schnittpunkte; mithin ergibt sich

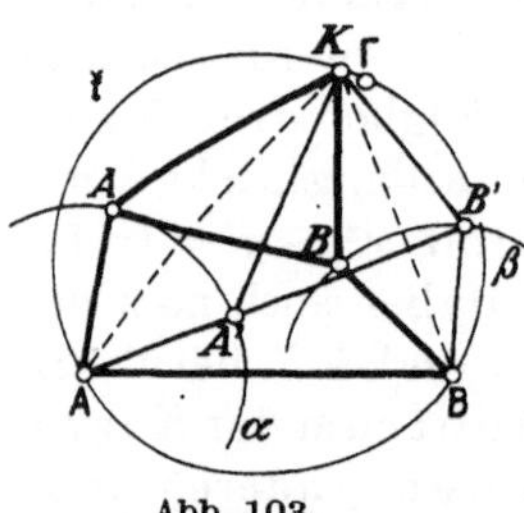

Abb. 103.

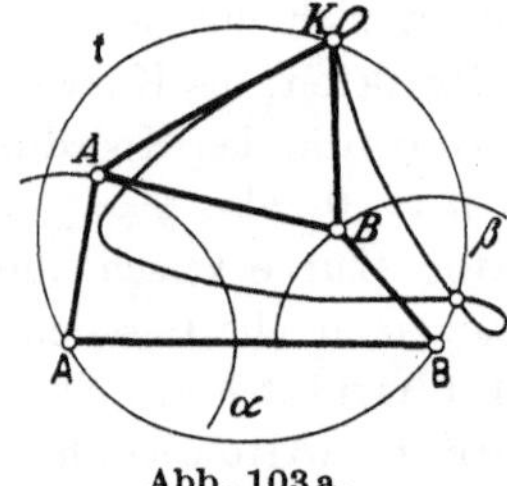

Abb. 103 a.

der Satz: Die Koppelkurve hat drei Doppelpunkte auf dem durch die drei Fokalzentra gehenden Kreise. — Von den drei Doppelpunkten können zwei konjugiert imaginär sein; sie können sich auch zu einem Selbstberührungspunkte vereinigen. Jeder reelle Doppelpunkt ist entweder ein eigentlicher Knotenpunkt wie der in Abb. 103 a mit K bezeichnete Punkt oder ein Rückkehrpunkt — wenn er mit dem Pol zusammenfällt — oder ein isolierter Punkt, und zu diesem gehören keine reellen Koppellagen[2]. — Die in Abb. 91 a dargestellte Kurve hat einen isolierten Punkt und zwei konjugiert imaginäre Doppelpunkte; in Abb. 103 a tritt zu den vorhandenen Knotenpunkten noch ein isolierter Punkt hinzu.

Liegt der beschreibende Punkt K auf der Koppelgeraden AB, so ist seine Bahnkurve symmetrisch in bezug auf das feste Glied AB, und dann befinden sich das dritte Fokalzentrum Γ und die drei Doppelpunkte in der Geraden AB.

---

[1] Vgl. jedoch den in Art. 87 behandelten Ausnahmefall.

[2] Vgl. R. Müller: Über die Doppelpunkte der Koppelkurve, Z. Math. Phys. 34 (1889), S. 303 u. 372 und 36 (1891), S. 65.

87. Bei einem durchschlagenden Kurbelgetriebe, wie es z. B. in Abb. 94a dargestellt ist, befindet sich in der Durchschlagslage der Koppel wegen der dann bestehenden Zweideutigkeit des Pols und des ganzen Bewegungsvorgangs überhaupt jeder Punkt der Koppelebene in einem Doppelpunkte seiner Bahn[1]. Zu einem solchen Doppelpunkte — wie dem Punkte K_2 der Abb. 94a — gehören aber nicht zwei verschiedene Koppellagen, auf ihn bezieht sich also nicht mehr die vorhergehende Betrachtung, er liegt folglich im allgemeinen auch nicht auf dem Kreise ƒ, sondern kommt als ein Sonderdoppelpunkt — Verzweigungspunkt — zu den drei bereits gefundenen Doppelpunkten hinzu. — Die in Abb. 94a gezeichnete Kurve hat außer ihren drei Knotenpunkten noch einen isolierten Punkt, und zwar auf dem Kreise ƒ.

* Da jeder der imaginären Kreispunkte für drei Doppelpunkte zählt, so hat die Kurve in diesem Falle im ganzen $4 + 2 \times 3 = 10$ Doppelpunkte, also die Maximalzahl der Doppelpunkte — nämlich $\frac{1}{2}(6-1)(6-2)$ — die bei einer eigentlichen d. h. nicht zerfallenden Kurve sechster Ordnung überhaupt möglich ist.

Spezielle Fälle und Ausartungen des Kurbelgetriebes.

88. Das Parallelkurbelgetriebe und das Zwillingskurbelgetriebe. Ist das Gelenkviereck A BB A, von dem wir bisher ausgingen, ein Parallelogramm, so erhalten wir durch Feststellen eines Gliedes, z. B. von AB, ein Parallelkurbelgetriebe (Abb. 104). Bei diesem bleiben die Kurbeln A A und B B einander parallel, und die Koppel A B bewegt sich parallel zu AB. Verstehen wir unter K einen

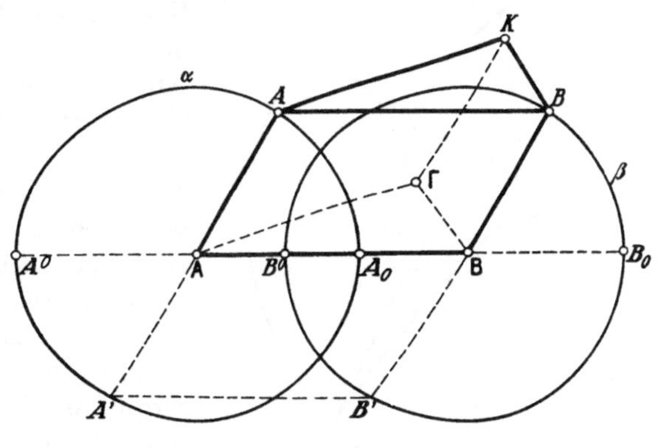

Abb. 104.

beliebigen Punkt der Koppelebene und zeichnen wir über AB das Dreieck ABΓ gleichsinnig kongruent zum Dreieck ABK, so ist die Strecke ΓK parallel und gleich mit A A und B B, der Punkt K beschreibt also einen Kreis um Γ, der den von A und B durchlaufenen Kreisen α und β gleich ist.

---

[1] Vgl. Art. *36.

Der Koppellage AB entspricht ein unendlich ferner Pol in der Richtung AA; dieser gehört aber auch zur Koppellage $A'B'$, deren Endpunkte sich auf den Verlängerungen von AA und BB befinden. Als Polkurven π und p des Parallelkurbelgetriebes müssen wir daher die unendlich fernen Geraden der Ebenen der Glieder AB und AB, und zwar doppelt zählend, betrachten.

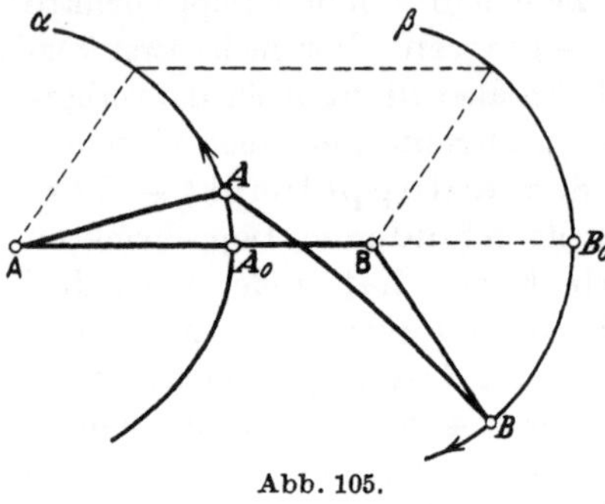

Abb. 105.

Das Parallelkurbelgetriebe gehört zu den durchschlagenden Kurbelgetrieben, und es gibt hier immer zwei Durchschlagslagen A_0B_0 und A^0B^0 der Koppel AB. — Wir wollen zunächst voraussetzen, daß nicht alle vier Glieder einander gleich sind. Ist, wie in Abb. 104, das feste Glied AB größer als AA, so kann von der Lage A_0B_0 aus der eine Endpunkt B der Koppel die Gerade AB überschreiten, während der andere A auf seinem Bahnkreise umkehrt; dann schneidet die neue Koppellage das feste Glied zwischen A und B (Abb. 105). Die stetige Fortsetzung der Parallelbewegung der Koppelebene läßt sich aber z. B. dadurch erzwingen, daß man in Abb. 104 die Strecke ΓK durch eine dritte Kurbel ersetzt. — Ist $AB < AA$, so können A und B die Gerade AB gleichzeitig so durchschreiten, daß die beiden Kurbeln einander nach dem Durchgang kreuzen (Abb. 106).

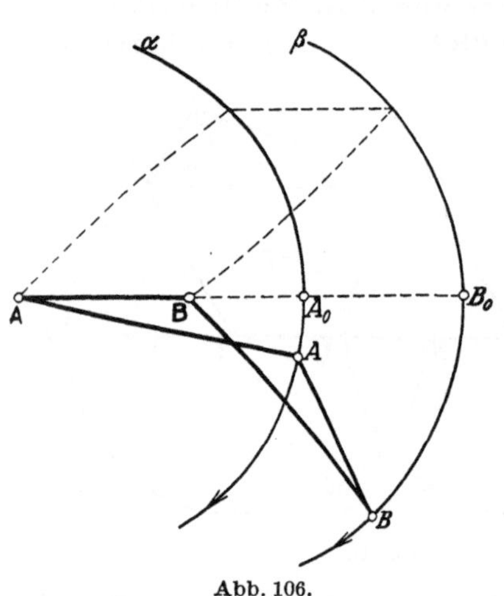

Abb. 106.

Verwandelt sich das Parallelogramm beim Durchgange der Koppel durch die Lage A_0B_0 in ein überschlagenes Viereck mit paarweise gleichen, gegenüberliegenden Seiten, so entsteht aus dem Parallelkurbelgetriebe ein Zwillingskurbelgetriebe. Ist dabei das feste Glied AB, wie in den Abb. 104 und 105, größer als AA, so rotieren die beiden Kurbeln in entgegengesetztem Sinne; ein solches Zwillingskurbelgetriebe wird als gegenläufig bezeichnet. Ist aber $AB < AA$, wie in Abb. 106, so drehen sich beide Kurbeln in demselben Sinne, und dann heißt das Getriebe gleichläufig.

89. Die Polkurven des Zwillingskurbelgetriebes[1]. In Abb. 107, in der das feste Glied AB größer ist als Aa, schneiden sich die Verlängerungen der Kurbeln Aa und Bb im Pole $\mathfrak{P}$ der Koppellage ab. Die Abbildung ist symmetrisch in bezug auf die Verbindungslinie von $\mathfrak{P}$ mit dem Schnittpunkte $\mathfrak{H}$ von ab und AB, und $\mathfrak{P}\mathfrak{H}$ ist die gemeinschaftliche Tangente t der Polkurven π und p im Punkte $\mathfrak{P}$ (Art. 27). Dann ist $\mathfrak{P}a = \mathfrak{P}b$ und $\mathfrak{P}A = \mathfrak{P}B$; bezeichnen wir also die Längen der Glieder Aa und Bb mit a und die Längen der Glieder ab und AB mit c, so wird $\mathfrak{P}A - \mathfrak{P}B = \mathfrak{P}A - \mathfrak{P}a = a$. Die Differenz der Abstände des Poles $\mathfrak{P}$ von den festen Punkten A und B ist demnach konstant, und die feste Polkurve π ist folglich eine **Hyperbel** mit den Brennpunkten A und B und der Hauptachse a. Ihre Scheitel sind die Pole $\mathfrak{P}_0$ und $\mathfrak{P}^0$ der Durchschlagslagen $A_0 B_0$ und $A^0 B^0$. Da $\mathfrak{P}$ von A und B gleich weit entfernt ist, so liegt auch $\mathfrak{P}_0$ in der Mitte zwi-

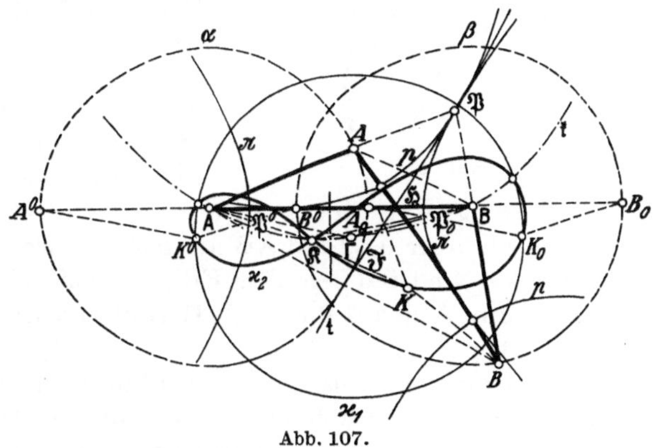

Abb. 107.

schen A_0 und B, die auch die Mitte zwischen B_0 und A ist[2]; ebenso ist $\mathfrak{P}^0$ der Mittelpunkt von $A^0 B$ und von $B^0 A$.

In unserer Abb. 107 ist ferner $\mathfrak{P}B - \mathfrak{P}A = \mathfrak{P}B - \mathfrak{P}b = a$, mithin ist auch die bewegliche Polkurve p eine Hyperbel mit der Hauptachse a, aber den Brennpunkten A und B. Daraus folgt: **Beim gegenläufigen Zwillingskurbelgetriebe sind die Polkurven kongruente Hyperbeln, die die Endpunkte des festen Gliedes und der Koppel zu Brennpunkten haben und deren Hauptachse gleich der Länge der Kurbeln ist.** Bezeichnen wir die Scheitel der Polkurve p mit P_0 und P^0, wobei $AP_0 = BP^0 = B\mathfrak{P}_0$ ist,

---

[1] Bei dem allgemeinen Kurbelgetriebe haben wir auf eine Untersuchung der Polkurven verzichtet, weil diese Kurven zu verwickelt sind, um von den Bewegungsvorgängen des Getriebes ein anschauliches Bild zu geben. Vgl. jedoch R. Müller: Über einige Kurven, die mit der Theorie des ebenen Gelenkvierecks in Zusammenhang stehen, Z. Math. Phys. 48 (1902) S. 224.

[2] Nach Art. *35 ist $\mathfrak{P}_0$ ein Doppelpunkt der durch die Paare A_0, B und B_0, A bestimmten Involution. Diese Involution ist jetzt symmetrisch. Ihr zweiter Doppelpunkt, nämlich der unendlich ferne Punkt der Geraden AB, gehört als Pol zur Durchschlagslage $A_0 B_0$ bei der zuvor betrachteten Parallelbewegung der Koppel.

so berühren sich p und π in ihren Scheiteln P_0 und $\mathfrak{P}_0$, wenn $A\,B$ in die Durchschlagslage $A_0\,B_0$ kommt.

Denken wir uns das Glied $\mathsf{A}A$ festgehalten, so stellt Abb. 107 ein gleichläufiges Zwillingskurbelgetriebe dar, und dann ist $\mathfrak{H}$ der Pol der Koppellage $\mathsf{B}B$. Nun ist

$$\mathfrak{H}\mathsf{A} + \mathfrak{H}A = \mathfrak{H}\mathsf{A} + \mathfrak{H}\mathsf{B} = c$$

und

$$\mathfrak{H}B + \mathfrak{H}\mathsf{B} = \mathfrak{H}B + \mathfrak{H}A = c;$$

beim gleichläufigen Zwillingskurbelgetriebe sind also die Polkurven kongruente Ellipsen, deren Brennpunkte mit den Endpunkten des festen Gliedes und der Koppel zusammenfallen und deren Hauptachse gleich der Länge der Kurbeln ist (Abb. 108).

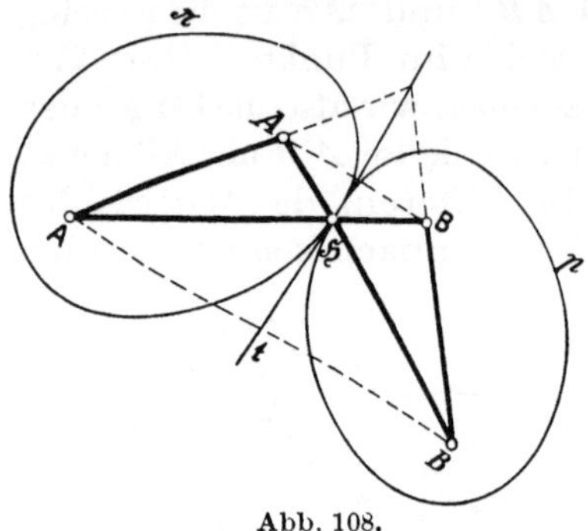

Abb. 108.

Betrachten wir aber das Glied $\mathsf{A}\mathsf{B}$ als fest, so rollen die in den Ebenen der Glieder $\mathsf{A}A$ und $\mathsf{B}B$ liegenden Ellipsen aufeinander, während sich die Ebenen um A und B drehen. Hierauf beruhen die in der Praxis benutzten **elliptischen Räder.**

90. Wir fragen jetzt nach der Bahnkurve, die irgendein Punkt K der Koppelebene des in Abb. 107 dargestellten Zwillingskurbelgetriebes beschreibt. Konstruieren wir zur augenblicklichen Lage des Punktes K das Spiegelbild $\mathfrak{K}$ in bezug auf die Polkurventangente t, so ist das Dreieck $\mathsf{A}\mathsf{B}\mathfrak{K}$ symmetrisch kongruent zum Dreieck BAK, das Spiegelbild $\mathfrak{K}$ bleibt also fest für alle Lagen des Systempunktes K und für die zugehörigen Polkurventangenten. Wir können demnach die Bahnkurve des Punktes K auch dadurch erhalten, daß wir von $\mathfrak{K}$ aus auf alle Tangenten $t, t' \ldots$ der festen Polkurve π die Lote $\mathfrak{K}\mathfrak{F}, \mathfrak{K}\mathfrak{F}' \ldots$ fällen und sie von den Fußpunkten $\mathfrak{F}, \mathfrak{F}' \ldots$ aus um sich selbst bis $K, K' \ldots$ verlängern. Die Punkte $\mathfrak{F}, \mathfrak{F}' \ldots$ bilden nun die Fußpunktkurve von π für $\mathfrak{K}$ als Lotpunkt, und die Punkte $K, K' \ldots$ erfüllen eine zweite Kurve, die zur ersten im Verhältnis $2:1$ ähnlich und ähnlich liegend oder, wie man sagt, **homothetisch ähnlich** ist; dabei ist $\mathfrak{K}$ der Ähnlichkeitspunkt beider Kurven. Der Ort der Punkte K ist hiernach selbst die Fußpunktkurve einer Kurve, die zu π im Verhältnis $2:1$ homothetisch ähnlich ist. Beim Zwillingskurbelgetriebe ist aber die Kurve π, wie wir soeben gesehen haben, eine Hyperbel oder Ellipse, je nachdem es sich um ein gegenläufiges oder ein gleichläufiges Getriebe handelt, mithin ergibt sich schließlich der Satz: Beim gegenläufigen Zwillingskurbelgetriebe beschreibt jeder Punkt der Koppelebene die Fußpunktkurve einer zur festen Polkurve π homothetisch ähnlichen Hyperbel, und beim gleichläufigen Zwillingskurbelgetriebe beschreibt er die Fußpunktkurve einer zu π homothetisch ähnlichen Ellipse.

Die vollständige Koppelkurve $\varkappa$, die der Punkt K vermittels des gegenwärtig betrachteten speziellen Kurbelgetriebes erzeugt, besteht daher aus zwei Teilen: aus einem Kreise $\varkappa_1$, der entsteht, wenn das Getriebe sich als Parallelkurbelgetriebe bewegt, und aus der Fußpunktkurve $\varkappa_2$ einer Hyperbel oder Ellipse, die wir erhalten, wenn wir das Gelenkviereck beim Durchschlagen in ein Zwillingskurbelgetriebe übergehen lassen.

* Alles, was in Art. 84 bis 87 über die Ordnung, die Fokalzentra und die Doppelpunkte der Koppelkurve im allgemeinen gesagt wurde, gilt unverändert auch hier, denn der Kreis $\varkappa_1$ repräsentiert eine zirkulare Kurve zweiter Ordnung mit seinem Mittelpunkt Γ als Fokalzentrum, und die Fußpunktkurve $\varkappa_2$ ist von der vierten Ordnung; sie hat Doppelpunkte in den imaginären Kreispunkten und die Fokalzentra A und B. — Durch den Punkt $\mathfrak{K}$ der Abb. 107 gehen zwei Tangenten des Kegelschnittes π, die getrennt und reell sind, wenn $\mathfrak{K}$ außerhalb π, also K außerhalb p liegt; $\mathfrak{K}$ ist demnach ein Doppelpunkt von $\varkappa_2$. In der Tat liegt $\mathfrak{K}$ auf dem durch A, B, Γ gehenden Kreise $\mathfrak{k}$, weil das Dreieck A B $\mathfrak{K}$ dem Dreieck B A Γ symmetrisch kongruent ist. Die übrigen Doppelpunkte der zerfallenden Kurve $\varkappa$ sind die acht Schnittpunkte von $\varkappa_1$ und $\varkappa_2$, von denen aber vier durch die imaginären Kreispunkte absorbiert werden. Von den vier andern liegen zwei auf dem Kreise $\mathfrak{k}$, und zwei gehören als Sonderdoppelpunkte zu den beiden Durchschlagslagen der Koppel.

91. Sind sämtliche Glieder des in Art. 88 betrachteten Parallelkurbelgetriebes von gleicher Länge, so können die Glieder $A B$ und B B von der Durchschlagslage $A_0 B_0$ aus vereinigt um den Punkt B rotieren, und dann beschreibt der Punkt K der Koppelebene um B einen Kreis $\varkappa_0$ (Abb. 109). Derselbe Punkt erzeugt einen Kreis $\varkappa^0$ um A, wenn nach dem Durchgang durch $A^0 B^0$ die zusammenfallenden Glieder $A B$ und A A um A rotieren. Die Bahnkurve $\varkappa$ des Punktes K zerfällt also in die Kreise $\varkappa_0$ und $\varkappa^0$ und in den Kreis $\varkappa_1$ um Γ, und inso-

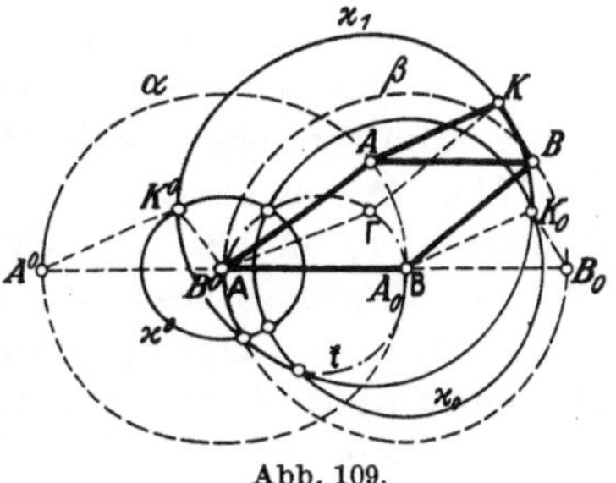

Abb. 109.

fern erscheint sie wieder als eine trizirkulare Kurve sechster Ordnung mit den Fokalzentren A, B und Γ. Umgekehrt hätte man aus diesem speziellen Fall — nach dem **Prinzip der Erhaltung der Anzahl** — schließen können, daß auch für die Koppelkurve eines beliebigen Kurbelgetriebes genau dasselbe gelten müßte.

Die drei Kreise $\varkappa_0$, $\varkappa^0$ und $\varkappa_1$ schneiden sich paarweise in je zwei Doppelpunkten der ausgearteten Kurve $\varkappa$; von diesen liegt jedesmal einer auf dem Kreise $\mathfrak{k}$ durch A, B und Γ, und zu den drei anderen gehören die Durchschlagslagen K_0 und K^0 des Punktes K.

92. Das gleichschenklige Kurbelgetriebe. Ein Kurbelgetriebe heißt gleichschenklig, wenn zweimal zwei aufeinanderfolgende Glieder gleich lang sind. Dann ist die Summe zweier Glieder gleich der Summe der beiden andern, es handelt sich also wieder um ein **durchschlagendes Kurbelgetriebe**. Ist das feste Glied AB = AA und AB = BB, so fällt in der Durchschlagslage AA mit AB zusammen, und die Glieder AB und BB können vereinigt um den Punkt B

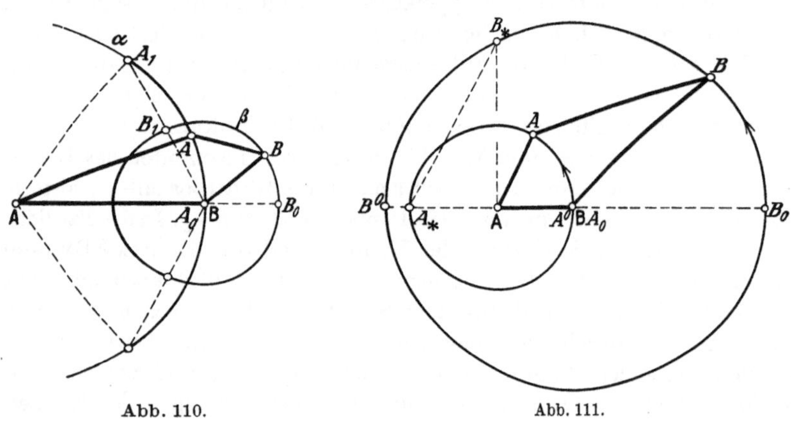

Abb. 110.Abb. 111.

rotieren. Sind AB und AA die beiden größeren Glieder, so erkennt man sofort, daß AA Schwinge und BB Kurbel ist; es entsteht also ein **gleichschenkliges Schwingkurbelgetriebe** (Abb. 110). Ist aber AB das eine der beiden kleineren Glieder, so sind AA und BB Kurbeln, und wir erhalten ein **gleichschenkliges Doppelkurbelgetriebe** (Abb. 111). Wenn hier der Punkt A von der Lage A_0 aus, die mit B zusammenfällt, in der eingezeichneten Pfeilrichtung den Halbkreis A_0A_* durchläuft, so beschreibt B von B_0 aus in gleichem Sinne den Bogen B_0B_*; dabei liegt B_* auf dem Lote, das in A zu AB errichtet wird. Kehrt der Punkt A auf dem unteren Halbkreis in seine Anfangslage B zurück, die wir zugleich mit A^0 bezeichnet haben, so bewegt sich der Punkt B von B_* bis zum Punkte B^0 der Geraden AB, und der Punkt A muß noch einmal seinen ganzen Bahnkreis durchwandern, wenn B auch den unteren Halbkreis B^0B_0 zurücklegen soll. Die **kurze Kurbel vollendet also immer** *zwei* **Umdrehungen, während die lange Kurbel** *eine* **Umdrehung macht.** Auf diese bemerkenswerte Eigenschaft des gleichschenkligen Doppelkurbelgetriebes hat zuerst Galloway hingewiesen. — Man vergleiche damit das in Abb. 112 dargestellte durchschlagende, aber nicht gleichschenklige Doppelkurbelgetriebe, bei dem wir die Glieder $\mathsf{A}B$ und AB der vorhergehenden Abbildung um denselben Betrag verkürzt haben, während die Arme unverändert geblieben sind, so daß also immer noch $\mathsf{A}A + AB = \mathsf{A}B + \mathsf{B}B$ ist: Durchläuft hier der Punkt B von B_0 aus den oberen Halbkreis $B_0 B^0$,

so beschreibt A in demselben Sinne nicht mehr seinen vollen Bahnkreis, sondern nur den Bogen $A_0 A^0$, und wenn B weiter den unteren Halbkreis $B^0 B_0$ zurücklegt, gelangt A auf dem kleineren Bogen $A^0 A_0$ wieder in seine Anfangslage A_0. Jetzt machen also beide Kurbeln gleichzeitig eine volle Umdrehung.

93. Um die Koppelkurven zu untersuchen, die durch das gleichschenklige Kurbelgetriebe erzeugt werden, kehren wir noch einmal zu dem in Abb. 104 dar-

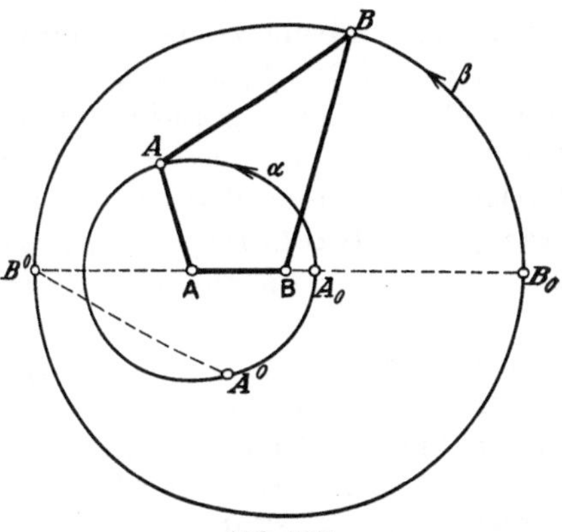

Abb. 112.

gestellten Parallelkurbelgetriebe zurück, bei dem nicht sämtliche Glieder einander gleich sind. Auf die Bahnkurve $\varkappa$, die hier ein Punkt K der Koppelebene beschreibt, wenden wir den Satz von der dreifachen Erzeugung der Koppelkurve an; dabei gehen wir zweckmäßig

von einer Durchschlagslage aus, in der wir das Koppeldreieck — ohne die früher benutzten Indizes — kurz mit ABK bezeichnen wollen (Abb. 113). Jetzt gestaltet sich die Konstruktion der beiden andern Kurbelgetriebe,

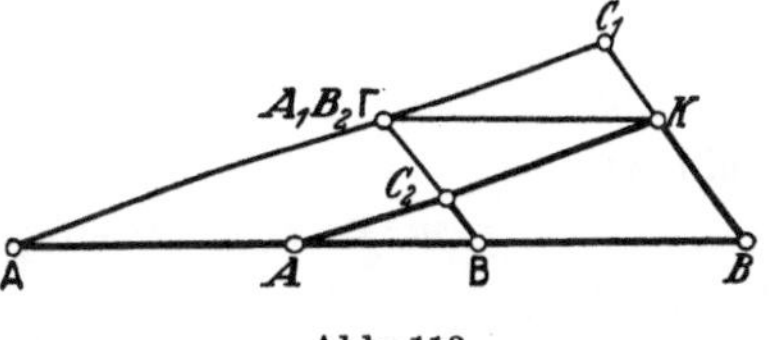

Abb. 113.

die dem Punkte K dieselbe Bewegung erteilen, nach der in Art. 83 entwickelten Vorschrift sehr einfach folgendermaßen: Ziehen wir die Geraden $\mathsf{A}C_1 \parallel AK$ bis BK und $\mathsf{B}C_2 \parallel BK$ bis AK und bezeichnen wir den Schnittpunkt beider Parallelen gleichzeitig mit A_1, B_2 und Γ, so sind $\mathsf{A}AKA_1$ und $\mathsf{B}BKB_2$ die in Abb. 100 vorkommenden Parallelogramme; die Dreiecke $A_1 K C_1$ und $K B_2 C_2$ sind ähnlich dem Dreieck ABK, und $C_1 K C_2 \Gamma$ ist das in jener Abbildung zuletzt konstruierte Parallelogramm. Dann stellen $\mathsf{A}\Gamma C_1 A_1$ und $\mathsf{B}\Gamma C_2 B_2$ die gesuchten Kurbelgetriebe dar. Sie sind gleichschenklig, haben $\mathsf{A}\Gamma$ und $\mathsf{B}\Gamma$ zu festen Gliedern und befinden sich beide in einer Durchschlagslage. Rotieren beim ersten die Glieder $A_1 C_1$ und ΓC_1 vereinigt um den Punkt Γ, so beschreibt der Punkt K, wenn er an der Koppel A_1C_1 befestigt wird, denselben Kreis $\varkappa_1$, wie vorher mit dem gegebenen Parallelkurbelgetriebe; beginnt aber auch der Arm $\mathsf{A}A_1$ sich zu drehen, so erzeugt der Punkt K die Fußpunktkurve $\varkappa_2$, die er auch in Verbindung mit der Koppel $A\,B$ durchläuft, wenn das Gelenkviereck $\mathsf{A}\mathsf{B}\,B\,A$ sich als Zwillingskurbelgetriebe bewegt. In Abb. 113 ist $\mathsf{A}\mathsf{B} > \mathsf{B}\,B$, das Zwillingskurbelgetriebe, das aus dem Parallelkurbelgetriebe hervorgeht, ist also gegenläufig, mithin $\varkappa_2$ die Fußpunktkurve einer Hyperbel. Dann ist aber auch $\mathsf{A}\,\Gamma > \Gamma\,C_1$ und $\mathsf{B}\,\Gamma > \Gamma\,C_2$, folglich haben wir durch unsere Konstruktion zwei gleichschenklige Schwingkurbelgetriebe erhalten. Hieraus ergibt sich der Satz: **Das gleichschenklige Schwingkurbelgetriebe und das gegenläufige Zwillingskurbelgetriebe erzeugen gleichartige Koppelkurven, nämlich Fußpunktkurven von Hyperbeln, dagegen erzeugt das gleichschenklige Doppelkurbelgetriebe, ebenso wie das gleichläufige Zwillingskurbelgetriebe, Fußpunktkurven von Ellipsen.**

***94. Die Polkurven des gleichschenkligen Kurbelgetriebes.** In Abb. 114 bezeichnet $\mathsf{A}\mathsf{B}$ wieder das feste Glied; $\mathfrak{P}$ ist der Pol für die Koppellage $A\,B$. Setzen wir $\mathsf{A}A = \mathsf{A}\mathsf{B} = a$, $\mathsf{B}B = A\,B = b$, $\mathsf{B}\,\mathfrak{P} = r$, $\angle\,\mathsf{A}\mathsf{B}\,\mathfrak{P} = \varphi$, $\angle\,B\mathsf{A}\mathsf{B} = \angle\,A\mathsf{A}\mathsf{B} = \psi$, $\mathsf{A}\,B = m$, so folgt aus dem Dreieck $\mathsf{A}\,\mathsf{B}\,\mathfrak{P}$

$$r = a\,\frac{\sin 2\,\psi}{\sin (2\,\psi - \varphi)}. \tag{1}$$

Aus dem **Dreieck** $\mathsf{A}\mathsf{B}\,B$ ergibt sich aber

$$m \sin\psi = b \sin\varphi$$

und

$$m \cos\psi = a + b\cos\varphi,$$

mithin ist

$$m^2 \sin 2\,\psi = 2\,b \sin\varphi\,(a + b\cos\varphi) \tag{2}$$

und

$$m^2 \cos 2\,\psi = (a + b\cos\varphi)^2 - b^2 \sin^2\varphi,$$

also

$$m^2 \sin(2\,\psi - \varphi)$$
$$= [2\,b\sin\varphi\,(a + b\cos\varphi)]\cos\varphi - [(a + b\cos\varphi)^2 - b^2\sin^2\varphi]\sin\varphi \tag{3}$$
$$= (b^2 - a^2)\,\sin\varphi.$$

Zufolge (2) und (3) geht Gleichung (1) über in

$$r = \frac{2\,a\,b^2}{b^2 - a^2}\,\cos\varphi + \frac{2\,a^2 b}{b^2 - a^2}. \tag{4}$$

Machen wir daher auf der Geraden $\mathsf{B}\,\mathsf{A}$ in der Richtung von B nach A die Strecke $\mathsf{B}\,\mathfrak{B} = \dfrac{2\,a\,b^2}{b^2 - a^2}$ und fällen von $\mathfrak{B}$ auf $\mathsf{B}\,\mathfrak{P}$ das Lot $\mathfrak{B}\,\mathfrak{B}'$, so

wird $B\mathfrak{V}' = \dfrac{2ab^2}{b^2-a^2}\cos\varphi$, nach Gleichung (4) ist also $\mathfrak{V}'\mathfrak{P} = \dfrac{2a^2b}{b^2-a^2}$.
Wir können demnach die feste Polkurve π auch dadurch konstruieren,
daß wir über $B\mathfrak{V}$ als Durchmesser den Kreis $\mathfrak{v}$ beschreiben und auf
allen durch B gezogenen Strahlen von ihrem zweiten Schnittpunkte
mit $\mathfrak{v}$ aus die konstante

Länge $\dfrac{2a^2b}{b^2-a^2}$ beider-
seits abtragen; das ist
aber bekanntlich die
Konstruktion einer
Pascalschen Kurve
(Art. 20).

　　Da die bewegliche
Polkurve p die feste
Polkurve für die um-
gekehrte Bewegung
darstellt, die das Glied
AB gegen AB aus-
führt, so erhalten wir
ihre Gleichung aus (4)

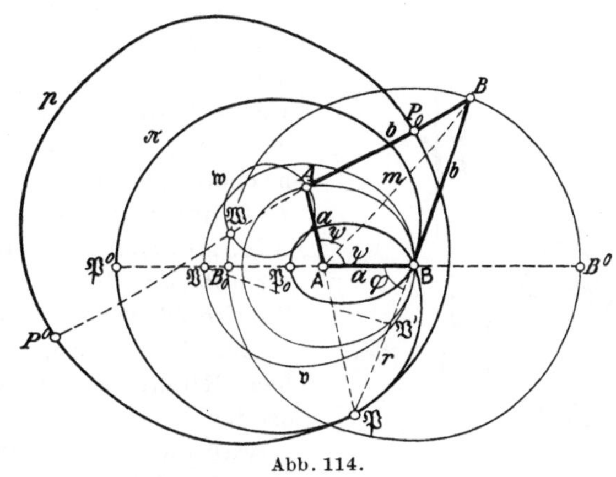

Abb. 114.

durch Vertauschung der Buchstaben a und b, wenn wir jetzt unter r
die Strecke $A\mathfrak{P}$ verstehen. Beim gleichschenkligen Kurbelgetriebe sind also die beiden Polkurven Pascalsche Kurven.

　　Für die Durchschlagslage BB^0 der Koppel ergibt sich aus Gleichung (4), wenn wir $\varphi = 0$ setzen,

$$B\mathfrak{P}^0 = \frac{2ab^2}{b^2-a^2} + \frac{2a^2b}{b^2-a^2} = \frac{2ab}{b-a}$$

oder

$$\frac{2}{B\mathfrak{P}^0} = \frac{1}{a} - \frac{1}{b} = \frac{1}{BA} + \frac{1}{BB^0};$$

der Pol $\mathfrak{P}^0$ ist also der vierte harmonische Punkt zu A, B^0 und B.
Ferner ist für die Durchschlagslage BB_0 der Koppel

$$B\mathfrak{P}_0 = \frac{2ab^2}{b^2-a^2} - \frac{2a^2b}{b^2-a^2} = \frac{2ab}{b+a}$$

oder

$$\frac{2}{B\mathfrak{P}_0} = \frac{1}{a} + \frac{1}{b} = \frac{1}{BA} + \frac{1}{BB_0},$$

d. h. $\mathfrak{P}_0$ ist der vierte harmonische Punkt[1] zu A, B_0 und B. Konstruiert

---

[1] Zu demselben Ergebnis gelangen wir noch kürzer durch folgende Über-
legung: Nach Art. *35 existieren für die Durchschlagslage A^0B^0 der Koppel AB
eines durchschlagenden Kurbelgetriebes mit dem festen Glied AB zwei Pole;

man hiernach die Punkte $\mathfrak{P}^0$ und $\mathfrak{P}_0$ in bekannter Weise — etwa mittels der Halbkreise über $\mathsf{A}\,B^0$ und $\mathsf{A}\,B_0$ — so ist $\mathfrak{V}$ die Mitte von $\mathfrak{P}^0\mathfrak{P}_0$, wodurch der Kreis $\mathfrak{b}$ bestimmt ist.

Bezeichnen wir ferner mit P^0 und P_0 die den Polen $\mathfrak{P}^0$ und $\mathfrak{P}_0$ entsprechenden Punkte der beweglichen Polkurve p auf der Geraden $A\,B$, so ist die Punktgruppe $P^0A\,B \cong \mathfrak{P}^0\mathsf{B}\,B^0$ und $A\,P_0\,B \cong \mathsf{B}\,\mathfrak{P}_0\,B_0$; wir finden also P^0 und P_0, indem wir auf der Verlängerung von $A\,B$ die Strecke $A\,P^0 = \mathsf{B}\,\mathfrak{P}^0$ und nach der entgegengesetzten Seite $A\,P_0 = \mathsf{B}\,\mathfrak{P}_0$ machen. Bedeutet jetzt $\mathfrak{W}$ die Mitte von P^0P_0 und $\mathfrak{w}$ den Kreis über dem Durchmesser $A\,\mathfrak{W}$, so erhalten wir die Polkurve p, indem wir auf den durch A gehenden Strahlen die Strecke $\mathfrak{W}\,P^0$ von $\mathfrak{w}$ aus beiderseits abtragen.

95. Ausartungen des Kurbelgetriebes. Rückt bei dem Kurbelgetriebe $\mathsf{AB}\,BA$ der feste Gelenkpunkt B ins Unendliche, so verwandelt sich der Bahnkreis des Punktes B in eine Gerade β, die auf der Geraden $\mathsf{A}\,\mathsf{B}_\infty$ senkrecht steht. Die früher mit d und b bezeichneten Glieder AB und BB werden jetzt unendlich groß; ihre endliche Differenz e ist gleich dem Abstand $\mathsf{A\,E}$ des Punktes A von der Geraden β. Hierdurch erhalten wir das bereits in Art. 11 unter I erwähnte Schubkurbelgetriebe; bei diesem kann das Glied $B\mathsf{B}_\infty$ durch einen Schlitten ersetzt werden, der sich in einem geradlinigen Schlitz der festen Ebene verschiebt, oder durch eine Stange, die in einer mit $\mathsf{A\,E}$ fest verbundenen Hülse gleitet (Abb. 115 und 116). Das Getriebe wird durch die Gliedlängen $\mathsf{A}A = a$ und $A\,B = c$ und durch die Strecke e bestimmt. Aus naheliegenden

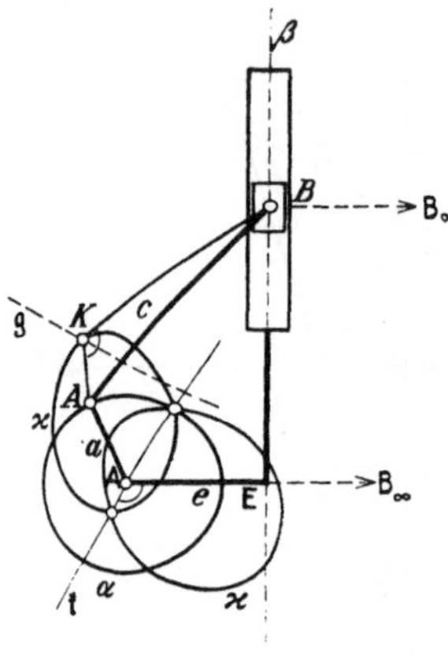

Abb. 115.

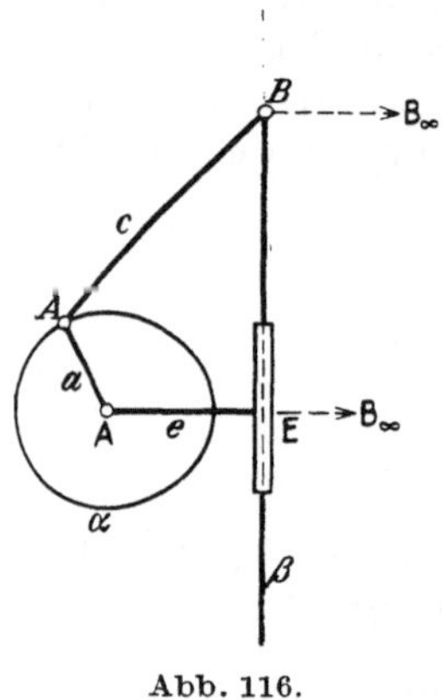

Abb. 116.

Gründen spricht man von einem **rotierenden, durchschlagenden** oder **schwingenden** Schubkurbelgetriebe, je nachdem $c \gtreqless a + e$ ist. Liegt der Punkt A auf der Geraden β, so heißt das Getriebe **zentrisch**;

sie sind die Doppelpunkte der durch die Paare A^0, B und B^0, A bestimmten Involution. Gegenwärtig fällt aber A^0 mit B zusammen, folglich ist B selbst der eine der beiden Pole, und da die Pole jedes Paar der Involution harmonisch trennen, so ist der andere Pol $\mathfrak{P}^0$ der vierte harmonische Punkt zu B^0, A und B. — Das Analoge gilt für den Pol $\mathfrak{P}_0$.

ist außerdem die Koppel $A\,B$ gleich der Kurbel $\mathsf{A}A$, so wird es als gleichschenklig bezeichnet (vgl. Art. 19).

Um die Ordnung der Koppelkurve $\varkappa$ zu bestimmen, die bei dem in Abb. 115 dargestellten Schubkurbelgetriebe ein Punkt K der Koppelebene erzeugt, fragen wir nach der Anzahl der Schnittpunkte, die diese Kurve mit einer durch K beliebig gezogenen Geraden $\mathfrak{g}$ gemein hat. Denken wir uns das Dreieck $A\,BK$ von der Kurbel $\mathsf{A}A$ abgetrennt, und bewegen wir es so, daß seine Eckpunkte B und K bzw. auf den Geraden β und $\mathfrak{g}$ wandern, so beschreibt der Punkt A nach Art. 19 eine Ellipse, und diese schneidet den Kreis α, der A zum Mittelpunkt und a zum Radius hat, in vier — reellen oder imaginären — Punkten, unter denen sich auch der in der Abbildung mit A bezeichnete Punkt befindet. Wird also der Punkt K vermittels des Kurbelgetriebes bewegt, so kann er höchstens viermal in die Gerade $\mathfrak{g}$ gelangen; die Kurve $\varkappa$ ist demnach von der vierten Ordnung.

* Zu demselben Ergebnis kommen wir, wenn wir in Art. 84 in der Gleichung der Koppelkurve, die durch ein beliebiges Kurbelgetriebe erzeugt wird, $d = e + b$ und $b = \infty$ setzen. Dann verschwinden die Glieder sechsten und fünften Grades, und wir erhalten die Gleichung

$$l^2(x^2 + y^2 + m^2 - a^2)^2 - 4\,l\,m\,(x - e)\,(x\cos\gamma - y\sin\gamma)\,(x^2 + y^2 + m^2 - a^2)$$

$$+ 4m^2(x^2 + y^2)(x - e)^2 - 4l^2m^2(x\sin\gamma + y\cos\gamma)^2 = 0;$$

die ursprüngliche trizirkulare Kurve sechster Ordnung zerfällt also in eine zirkulare Kurve vierter Ordnung mit dem Fokalzentrum A und in die doppelt zählende unendlich ferne Gerade. Der Kreis $\mathfrak{k}$, der im allgemeinen Falle nach Art. 86 die drei Fokalzentra und die drei Doppelpunkte der Kurve sechster Ordnung enthält, degeneriert jetzt in die durch A gehende Gerade $\mathfrak{k}$, die mit $\mathsf{A}B_\infty$ den Winkel $A\,K\,B$ bildet; auf ihr liegen zwei Doppelpunkte der Kurve vierter Ordnung $\varkappa$, die in Abb. 115 aus zwei Ovalen besteht[1].

Bei dem gleichschenkligen Schubkurbelgetriebe, das in Abb. 117 dargestellt ist, beschreibt der Punkt K der Koppelebene nach Art. 19 eine Ellipse um A als Mittelpunkt, außerdem aber, wenn die Glieder $\mathsf{A}A$ und $A\,B$ vereinigt

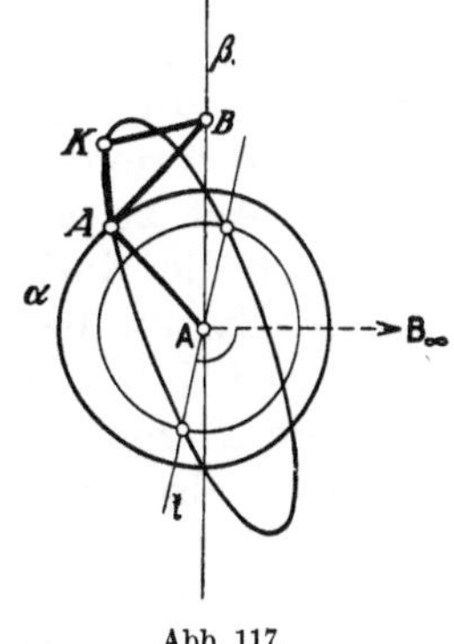

Abb. 117.

um A rotieren, einen Kreis um A mit dem Radius $B\,K$. Die vier Schnittpunkte des Kreises mit der Ellipse sind Doppelpunkte der vollständigen

---

[1] Vgl. R. Müller: Über die Gestaltung der Koppelkurven für besondere Fälle des Kurbelgetriebes, Z. Math. Phys. **36** (1891) S. 11.

Bahnkurve des Punktes K; davon liegen wieder zwei auf dem Durchmesser $\mathfrak{k}$, der mit $\mathsf{A}\mathsf{B}_\infty$ den Winkel AKB einschließt, und die beiden anderen gehören als Sonderdoppelpunkte zu den beiden Durchschlagslagen der Koppel AB.

96. Denken wir uns in Abb. 115 das Glied AB festgehalten, so bewegt sich das Glied AB_∞, das jetzt durch den rechten Winkel $\mathsf{A}\,\mathsf{E}\,\beta$ ersetzt wird, in der Weise, daß der Punkt A mittels der Kurbel $A\mathsf{A}$ um den Punkt A rotiert, während die Gerade β über den Punkt B hinwegschleift. Dabei rotiert der Punkt B_∞ gewissermaßen um B; denn ebenso wie wir die Drehung eines im Endlichen liegenden Punktes B um B hervorbringen könnten durch das Gleiten eines Kreises, der B zum Mittelpunkt und $\mathsf{B}B$ zum Radius hat, über den Punkt B, so können wir dieselbe Drehung des Punktes B_∞ auch bewirken durch ein eben

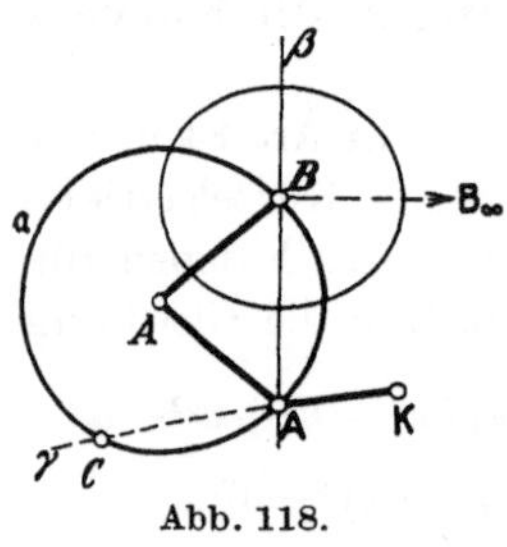

Abb. 118.

solches Gleiten eines unendlich großen Kreises mit dem Mittelpunkt B_∞, d. h. der Geraden β, die auf der Richtung nach B_∞ senkrecht steht. Diese Bewegung läßt sich erzeugen mittels eines in der Ebene $\mathsf{A}\beta$ angebrachten geradlinigen Schlitzes mit der Mittellinie β und eines um B drehbaren Schiebers, der von dem Schlitz umfaßt wird. Das so entstandene Getriebe bezeichnen wir mit Burmester als Schleifkurbelgetriebe.

* Ein Schleifkurbelgetriebe heißt gleichschenklig, wenn der Punkt A auf der Geraden β liegt und wenn $A B = A\mathsf{A}$ ist (Abb. 118). Verstehen wir hier unter K einen beliebigen Punkt der bewegten Ebene $\beta\mathsf{A}\mathsf{B}_\infty$, unter γ seine Verbindungslinie mit A, so geht diese, während A den Kreis $\mathfrak{a}$ um A durchläuft und β über den Punkt B gleitet, beständig durch ihren zweiten Schnittpunkt C mit $\mathfrak{a}$. Der Punkt K beschreibt also nach Art. 20 eine Pascalsche Kurve mit dem Doppelpunkte C. Wenn aber die Kurbel $A\mathsf{A}$ in die Lage AB gelangt ist, so kann die Ebene $\beta\mathsf{A}\mathsf{B}_\infty$ um den festen Punkt B rotieren; die vollständige Bahn des Punktes K besteht daher aus jener Pascalschen Kurve und einem Kreise um B mit dem Radius $A\mathsf{K}$, sie ist folglich von der Ordnung $4 + 2 = 6$, also von derselben Ordnung, wie die Koppelkurve bei einem Kurbelgetriebe mit vier Gliedern von endlicher Länge (Art. 84). Daraus können wir schließen, daß auch bei dem allgemeinen Schleifkurbelgetriebe, wie es die Abb. 115 darstellt, ein Punkt K der bewegten Ebene eine Kurve sechster Ordnung beschreibt. Dasselbe ergibt sich auch — ähnlich wie früher beim Schubkurbelgetriebe — aus der allgemeinen Gleichung der Koppelkurve durch eine einfache Rechnung. Die Kurve ist wieder trizirkular; sie hat die Fokalzentra A und B, und das dritte Fokalzentrum fällt als dritter Eckpunkt eines Dreiecks über der Grund-

linie AB, das dem Dreieck $AB_\infty K$ ähnlich sein müßte, wieder mit A zusammen.

***97.** Verlegen wir bei dem in Abb. 115 dargestellten Schubkurbelgetriebe die Ecke A des ursprünglich vorhandenen Gelenkvierecks $ABBA$ ebenfalls in unendlich große Entfernung, so müssen wir auch das bewegte Glied $A_\infty B$ durch einen rechten Winkel $BF\mathfrak{a}$ ersetzen, dessen Schenkel $\mathfrak{a}$ über den festen Punkt A schleift, während der Punkt B des andern Schenkels die Gerade β durchläuft. Das so erhaltene

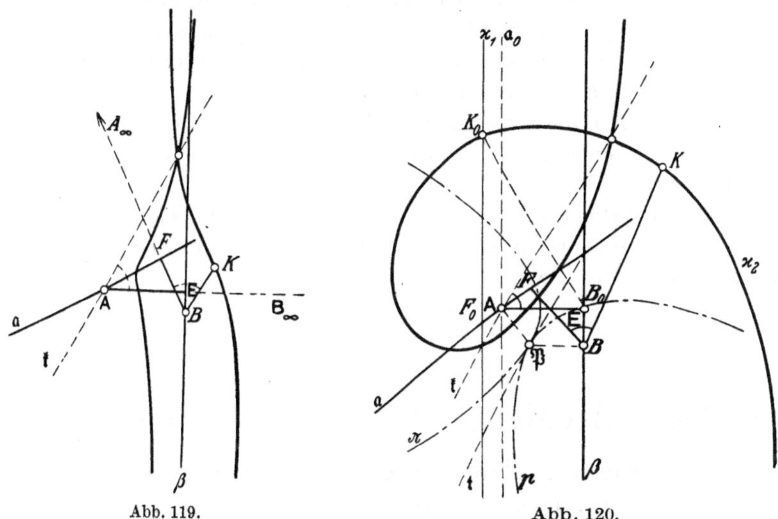

Abb. 119.   Abb. 120.

Getriebe wurde von Burmester als Schleifschiebergetriebe bezeichnet (Abb. 119).

Ein Punkt K der Ebene $BF\mathfrak{a}$ beschreibt, wie beim Schubkurbelgetriebe, eine zirkulare Kurve vierter Ordnung mit dem Fokalzentrum A. Die Kurve hat wieder zwei Doppelpunkte auf der durch A gehenden Geraden $\mathfrak{f}$, die mit AE den Winkel FBK bildet; einer von ihnen ist in unserer Abbildung ein isolierter Punkt der Kurve.

Ist der Abstand BF des Punktes B von der Geraden $\mathfrak{a}$ gleich dem Abstand AE des Punktes A von β, so entsteht ein symmetrisches Schleifschiebergetriebe (Abb. 120). Dann gibt es eine Lage $B_0 F_0 \mathfrak{a}_0$ des bewegten rechten Winkels, in der sich die Strecke BF mit EA deckt, so daß $\mathfrak{a}_0$ zu β parallel wird; man könnte sie als Durchschlagslage oder Verzweigungslage bezeichnen. Von hier aus kann sich der Winkel auf zweierlei Weise weiterbewegen: entweder, indem sich die Gerade $\mathfrak{a}$ nur noch in sich selbst verschiebt oder indem sie wie vorher über den Punkt A gleitet und dabei ihre Richtung wieder fortwährend ändert. Die Bahnkurve $\varkappa$ des Systempunktes K zerfällt deshalb in die Gerade $\varkappa_1$, die zu β parallel ist, und in eine zirkulare Kurve dritter Ordnung $\varkappa_2$ mit dem Fokalzentrum A. Diese hat einen Doppelpunkt auf der wie früher ermittelten Geraden f, und auf f liegt außerdem ein Schnittpunkt von $\varkappa_1$ und $\varkappa_2$ als weiterer Doppelpunkt der vollständigen Bahnkurve $\varkappa$.

Die in B zu β und in A zu $\mathfrak{a}$ errichteten Lote schneiden sich im Pol $\mathfrak{P}$ der Systemlage $BF\mathfrak{a}$. Aus Symmetriegründen ist aber $\mathfrak{P}B = \mathfrak{P}A$; im festen Gliede $AE\beta$ ist also der Pol gleich weit entfernt von β und A, und im bewegten Gliede $BF\mathfrak{a}$ hat er gleiche Abstände von B und $\mathfrak{a}$. **Beim symmetrischen Schleifschiebergetriebe sind also die Polkurven π und p kongruente Parabeln bzw. mit den Brennpunkten A und B und den Leitlinien β und $\mathfrak{a}$.**

Vergleicht man dieses Ergebnis mit den in Art. 89 gefundenen Sätzen über die **Polkurven des Zwillingskurbelgetriebes**, so erweist sich das **symmetrische Schleifschiebergetriebe als ein spezielles Zwillingskurbelgetriebe mit unendlich langen Gliedern**, und man erkennt, ebenso wie in Art. 90, **daß die Bahnkurve $\varkappa_2$ die Fußpunktkurve einer Parabel ist.**

Sechstes Kapitel.

Die Beschleunigung der ebenen Bewegung.

Die Beschleunigung bei der ebenen Bewegung eines Punktes.

98. Begriff der Beschleunigung. Angenommen, der Punkt A durchlaufe auf seiner Bahnkurve α in zwei aufeinanderfolgenden gleichen Zeitelementen dt die Bahnelemente AA' und $A'A''$ (Abb. 121). Auf den Verlängerungen von AA' und $A'A''$ machen wir bzw. die Strecken $A'A_v$ und $A'A'_v$ nach Größe und Richtung gleich den Geschwindigkeiten, mit denen sich der Punkt A auf diesen Bahnelementen bewegt, also

$$A'A_v = \frac{AA'}{dt}$$

und

$$A'A'_v = \frac{A'A''}{dt}.$$

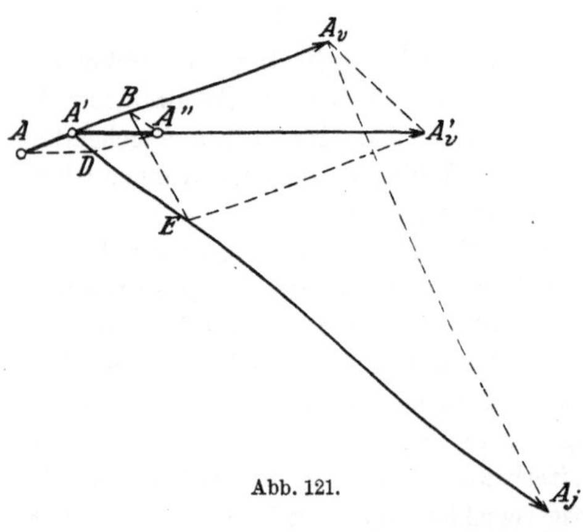

Abb. 121.

Wird AA' auf $A'A_v$ von A' bis B abgetragen, so ist $A_vA'_v \parallel BA''$. Die unendlich kleine Strecke $A_vA'_v$ repräsentiert die geometrische Änderung der Geschwindigkeit $v = A'A_v$ in der Zeit dt; wir nennen sie oder — was auf dasselbe hinauskommt — die zu ihr parallele und gleichlange Strecke $A'E$ die **Elementarbeschleunigung** von A. Dann verstehen wir unter der **Beschleunigung** j des Punktes die **geometrische Änderung seiner Geschwindigkeit in der Zeiteinheit**, also die auf der Verlängerung von $A'E$ liegende endliche Strecke

$$A'A_j = \frac{A'E}{dt}. \tag{1}$$

Die Beschleunigung ist demnach ein **Vektor**, ebenso wie die Geschwindigkeit v des Punktes.

In unserer Abbildung verhält sich

$$A'A_j : A'E = A'A_v : A'B = 1 : dt,$$

mithin ist $A_v A_j \,\|\, BE$.

Ziehen wir noch $A''D \,\|\, BA'$ bis $A'E$, so wird $DA'' = A'B = AA'$. Das Viereck $AA'A''D$ ist daher ein Parallelogramm mit einem unendlich kleinen Winkel bei A, seine Diagonale $A'D$ ist also, verglichen mit den Seiten, eine unendlich kleine Größe zweiter Ordnung. Sie ist gleich der **geometrischen Differenz** der Bahnelemente $A'A''$ und AA'; wir bezeichnen sie als die **Deviation** des Punktes A. Jetzt verhält sich

$$A'E : A'D = A'A'_v : A'A'' = 1 : dt,$$

also ist

$$A'E = \frac{A'D}{dt}$$

Wir erhalten demnach aus (1) für die **Beschleunigung des Punktes A nach Größe und Richtung** eine zweite Darstellung in der Form

$$A'A_j = \frac{A'D}{dt^2}. \tag{2}$$

Da $A'A_j$ dieselbe Richtung hat wie die Diagonale $A'D$, so folgt, wenn die Bahnelemente AA' und $A'A''$ nicht in derselben Geraden liegen: Die **Beschleunigung befindet sich immer auf der konkaven Seite der Bahnkurve**.

99. Graphische Ermittelung der Beschleunigung. In den Punkten $A, A_1, A_2 \ldots$ der Bahnkurve α seien die Geschwindigkeiten $v, v_1, v_2 \ldots$ des bewegten Punktes bekannt; wir haben sie auf den zugehörigen Tangenten der Kurve nach Größe und Richtung aufgetragen (Abb. 122). Ziehen wir durch einen beliebigen Punkt $\mathfrak{O}$ die Strecken $\mathfrak{O}\mathfrak{H} \mp v$, $\mathfrak{O}\mathfrak{H}_1 \mp v_1$, $\mathfrak{O}\mathfrak{H}_2 \mp v_2 \ldots$, so bilden die Punkte $\mathfrak{H}, \mathfrak{H}_1, \mathfrak{H}_2 \ldots$ eine gewisse Kurve $\mathfrak{h}$. Verstehen wir jetzt unter A_1 die

Lage, in die der Punkt A nach Ablauf der Zeit dt gelangt, so ist $\mathfrak{H}\mathfrak{H}_1$ unendlich klein und gleich der Elementarbeschleunigung von A, und

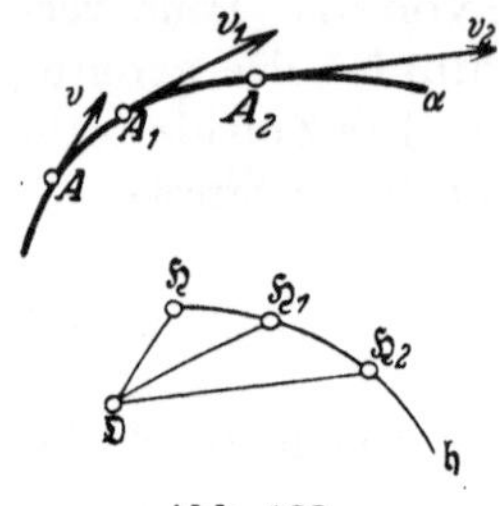

dann ist die Beschleunigung dieses Punktes $j = \dfrac{\mathfrak{H}\mathfrak{H}_1}{dt}$, d. h. gleich der Geschwindigkeit, mit der sich der Punkt $\mathfrak{H}$ momentan auf der Kurve $\mathfrak{h}$ bewegt. **Die Geschwindigkeiten, die der Streckenendpunkt $\mathfrak{H}$ in verschiedenen Punkten der Kurve $\mathfrak{h}$ besitzt, bestimmen daher nach Größe und Richtung die Beschleunigungen des Punktes A in den entsprechenden Punkten seiner Bahn-**

Abb. 122.

kurve α. Die Kurve $\mathfrak{h}$ heißt der **Hodograph** der Beschleunigung des Punktes A.

100. Als Vektor läßt sich die Beschleunigung eines Punktes in zwei Komponenten zerlegen, d. h. als die Summe zweier andern Vektoren darstellen. Am häufigsten bedient man sich der Zerlegung in der Richtung der Tangente und der Normale der Bahnkurve; die so entstehenden Komponenten der Beschleunigung j bezeichnet man als die **Tangentialbeschleunigung** j_t und die **Normalbeschleunigung** j_n.

In Abb. 123 sind AA' und $A'A''$ wieder zwei aufeinanderfolgende Elemente der Bahnkurve α des Punktes A, von denen jedes in der Zeit dt durchlaufen wird; $A'B$ ist die Verlängerung von AA' um sich selbst,

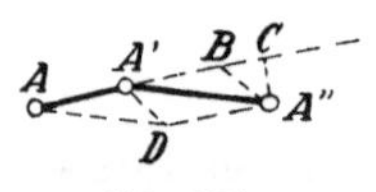

und C bedeutet den Fußpunkt des von A'' auf AB gefällten Lotes. Die Deviation $A'D$ des Punktes A ist auch gleich BA'' und deshalb die geometrische Summe der Strecken BC und CA''. Setzen wir die Länge des Bahnelements $AA' = ds$, also $A'A'' = ds + d^2s$, und

Abb. 123.

den Kontingenzwinkel $A''A'B$ der Kurve $\alpha = d\tau$, so ergibt sich unmittelbar aus der Abbildung

$$BC = A'C - A'B = (ds + d^2s)\cos d\tau - ds$$

oder unter Vernachlässigung unendlich kleiner Größen höherer Ordnung

$$BC = d^2s$$

und

$$CA'' = (ds + d^2s)\sin d\tau = ds\,d\tau.$$

Nun ist $\dfrac{ds}{d\tau}$ gleich dem Krümmungsradius $\mathfrak{r}$ der Kurve α in A, mithin wird

$$CA'' = \frac{ds^2}{\mathfrak{r}}$$

Demnach ist die Tangentialbeschleunigung des Punktes A

$$j_t = \frac{BC}{dt^2} = \frac{d^2s}{dt^2} \tag{3}$$

und die Normalbeschleunigung

$$j_n = \frac{CA''}{dt^2} = \frac{ds^2}{\mathfrak{r}\,dt^2} = \frac{v^2}{\mathfrak{r}}\,, \tag{4}$$

wo v wie immer die Geschwindigkeit des Punktes A bezeichnet.

Durch die Geschwindigkeit $A A_v$ und die Beschleunigung $A A_j$ des Punktes A ist der Krümmungsmittelpunkt A der von ihm beschriebenen Bahnstelle bestimmt. Bezeichnen wir in Abb. 124 mit A_n den Fußpunkt des von A_j auf die Bahnnormale gefällten Lotes, so ist $A A_n$ die Normalbeschleunigung j_n, mithin nach (4)

$$A A_n \cdot A\mathsf{A} = A A_v^2\,. \tag{5}$$

Die Punkte A_n und A liegen stets auf derselben Seite von A; machen wir also auf der verlängerten Bahnnormale die Strecke $A A_v = A_n \mathsf{A}$, so geht das in A_v zu $A_v A_v$ errichtete Lot durch A.

Umgekehrt bestimmen die Beschleunigung $A A_j$ und der Krümmungsmittelpunkt A die Geschwindigkeit $A A_v$ bis auf ihren Richtungssinn, denn A_v liegt auf dem Kreise, der $A A_v$ zum Durchmesser hat. Befindet sich A_n zwischen A und A, so liefert der über AA beschriebene Halbkreis, der das Lot $A_j A_n$ in V schneidet, als Länge der Geschwindigkeit $A A_v$ die Strecke $A V$.

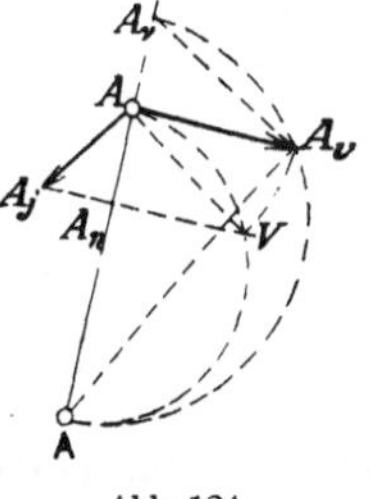

Abb. 124.

Dieselbe Abbildung dient zur Ermittelung der Normalbeschleunigung $A A_n$ aus der Geschwindigkeit $A A_v$ und dem Krümmungsmittelpunkt A, denn ziehen wir $A_v A_v \perp \mathsf{A} A_v$, so erhalten wir den Punkt A_n, indem wir die Strecke $A A_v$ von A aus auf AA abtragen. — Ist statt der Strecke $A A_v$ die gedrehte Geschwindigkeit $A A_{\mathfrak{v}}$ gegeben, so empfiehlt sich die Verwendung eines wechselnden Parallelenzugs: Man zieht in Abb. 125 durch A und $A_{\mathfrak{v}}$ in beliebiger Richtung zwei Parallelen, die eine durch A gehende Gerade bzw. in $\mathfrak{X}$ und $\mathfrak{Y}$ schneiden; dann ist $\mathfrak{Y} A_n \parallel \mathfrak{X} A_{\mathfrak{v}}$, denn es verhält sich

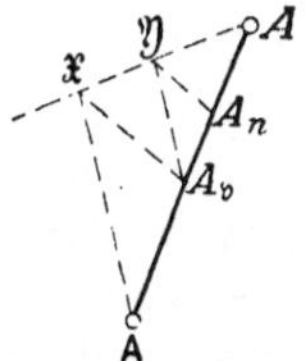

Abb. 125.

$$\frac{A A_n}{A A_{\mathfrak{v}}} = \frac{A \mathfrak{Y}}{A \mathfrak{X}} = \frac{A A_{\mathfrak{v}}}{A \mathsf{A}}\,.$$

Bewegt sich der Punkt A mit konstanter Geschwindigkeit v auf einem Kreise vom Radius $\mathfrak{r}$ um A, so ist immer $d^2 s = 0$, also auch $j_t = 0$. Bei dieser einfachsten krummlinigen Bewegung, die wir als gleichförmige Kreisbewegung bezeichnen, verwandelt sich die Beschleunigung j in die nach dem Mittelpunkt A gerichtete konstante Normalbeschleunigung $j_n = \dfrac{v^2}{\mathfrak{r}}$, die sogenannte Zentripetalbeschleunigung.

101. Die Beschleunigung der zusammengesetzten Bewegung. In Abb. 126 bewegt sich der Punkt A in der Ebene S auf einer Kurve k und durchläuft in zwei aufeinanderfolgenden gleichen Zeitelementen dt die Bahnelemente AB und BC. Die Ebene S wird aber gleichzeitig in der festen Ebene Σ bewegt; gelangt hierdurch die gebrochene Linie ABC in denselben Zeitelementen nach $A'B'C'$ und $A''B''C''$, so repräsentieren $AA'A''$, $BB'B''$, $CC'C''$ bzw. die Bahnkurven α, β, γ, die von den auf k festliegenden Punkten A, B, C in Σ beschrieben werden, während AB' und $B'C''$ zwei Elemente der resultierenden Bahnkurve $\mathfrak{a}$ sind, die der auf k bewegte Punkt A in der Ebene Σ erzeugt. Dann ist die Beschleunigung dieses Punktes auf der Kurve $\mathfrak{a}$

$$j = \frac{B'C'' - AB'}{dt^2}$$

oder

$$j = \frac{(B'C' + C'C'') - (AB + BB')}{dt^2} \, ,$$

wobei die Zeichen $+$ und $-$ sich immer auf geometrische Addition und Subtraktion beziehen. Schreiben wir den Zähler des letzten Bruches noch in der Form

$$(BC - AB) + (B'B'' - BB') + (B'C' - BC) + (C'C'' - B'B''), \quad (3)$$

so bedeutet $\dfrac{BC - AB}{dt^2}$ die Beschleunigung j_1 des Punktes A bei seiner Bewegung auf der Kurve k in der als fest betrachteten Ebene S, und $\dfrac{B'B'' - BB'}{dt^2}$ ist die Beschleunigung von B auf β, die beim Grenzübergang identisch wird mit der Beschleunigung j_2, mit der sich der auf k feste Punkt A auf der Kurve α der Ebene Σ bewegt. Wir nennen j_1 die relative, j_2 die Führungsbeschleunigung und j die resultierende Beschleunigung des auf k beweglichen Punktes A.

Betrachten wir nun zunächst den speziellen Fall, daß die Bewegung der Ebene S in Σ eine bloße Parallelverschiebung ist, so werden die vier Teilvierecke, aus denen unsre Abbildung besteht, zu Parallelogrammen, mithin verschwinden in der mit 3 bezeichneten Summe der dritte und vierte Klammerausdruck, und wir erhalten

$$j = j_1 + j_2;$$

die resultierende Beschleunigung des Punktes A erscheint also als die geometrische Summe der relativen und der Führungsbeschleunigung. Mit andern Worten: Bewegt sich der Punkt A mit der Beschleunigung j_1 auf einer parallel bewegten Kurve k, deren

Punkte die Beschleunigung j_2 besitzen, so ist die Diagonale des aus j_1 und j_2 gebildeten Parallelogramms die resultierende Beschleunigung des Punktes A auf seiner durch die beiden gleichzeitigen Bewegungen erzeugten Bahnkurve a (Satz vom Parallelogramm der Beschleunigungen; vgl. hiermit den Satz vom Parallelogramm der Geschwindigkeiten in Art. 12).

Im allgemeinen Fall, wo die Bewegung der Ebene S keine Parallelverschiebung darstellt, ziehen wir $B'M \mathbin{\#} BC$ und $B'N \mathbin{\#} B''C''$. Dann ist

$$MC' = B'C' - B'M = B'C' - BC$$

und

$$C'N = C'C'' - NC'' = C'C'' - B'B'',$$

in dem mit β bezeichneten Ausdruck wird also

$$(B'C' - BC) + (C'C'' - B'B'') = MC' + C'N = MN.$$

Bedeutet nun $d\vartheta$ den unendlich kleinen Winkel, um den sich die Ebene S beim Übergang aus ihrer Anfangslage in die Lage S' gedreht hat, so kann sich der Winkel, den S' mit der Lage S'' bildet, von $d\vartheta$ nur um eine unendlich kleine Größe zweiter Ordnung unterscheiden. Wir dürfen daher den Winkel $MB'N = 2d\vartheta$ setzen und MN als senkrecht zu $B'C'$ betrachten. Demnach ist

$$MN = 2 \cdot BC \cdot d\vartheta$$

und

$$\frac{MN}{dt^2} = 2 \cdot \frac{BC}{dt} \cdot \frac{d\vartheta}{dt}.$$

Hier bedeutet $\frac{d\vartheta}{dt}$ die momentane Winkelgeschwindigkeit der bewegten Ebene S, die wir immer mit ω bezeichnet haben, und $\frac{BC}{dt}$ wird beim Grenzübergang gleich $\frac{AB}{dt}$, d. h. gleich der Geschwindigkeit v_1 des Punktes A auf der Kurve k. In der Gleichung für die resultierende Beschleunigung j tritt also zu der geometrischen Summe von j_1 und j_2 als weiteres Glied noch der Vektor $2v_1\omega$ in der Richtung von M nach N, die der Geschwindigkeitsvektor v_1 annimmt, wenn er um den Punkt A im Sinne von ω um einen rechten Winkel gedreht wird. Wir gelangen so zu der wichtigen Formel

$$j = j_1 + j_2 + 2v_1\omega \tag{6}$$

und damit zu dem *Satz von Coriolis*[1]: Bewegt sich der Punkt A mit der Geschwindigkeit v_1 und der Beschleunigung j_1 in der

---

[1] Coriolis: Sur les équations du mouvement etc., J. de l'École polytechn. 1825, Cah. 24 p. 142.

Ebene S, die selbst wieder in der Ebene Σ bewegt wird, auf einer Kurve k, deren mit A zusammenfallender Punkt auf seiner Bahnkurve α die Beschleunigung j_2 besitzt, und ist ω die momentane Winkelgeschwindigkeit des bewegten Systems S, so ist die resultierende Beschleunigung j des Punktes A auf der durch die beiden gleichzeitigen Bewegungen erzeugten Bahnkurve a gleich der geometrischen Summe aus den Beschleunigungen j_1 und j_2 und aus dem durch das Produkt $2v_1\omega$ dargestellten Vektor, der auf der Geschwindigkeit v_1 senkrecht steht und nach der Richtung zeigt, nach der v_1 bei einer im Sinne von ω ausgeführten Drehung um 90^0 zeigen würde.

Der Vektor $2v_1\omega$ heißt die Zusatzbeschleunigung oder Coriolisbeschleunigung des Punktes A.

Die Beschleunigungen der Punkte eines ebenen Systems.

102. Um den momentanen Beschleunigungszustand bei der Bewegung eines starren ebenen Systems in seiner Ebene zu untersuchen, beginnen wir mit dem speziellen Falle, daß das System sich in zwei aufeinanderfolgenden gleichen Zeitelementen dt — oder auch dauernd — um einen festen Punkt Ω dreht (Abb. 127).

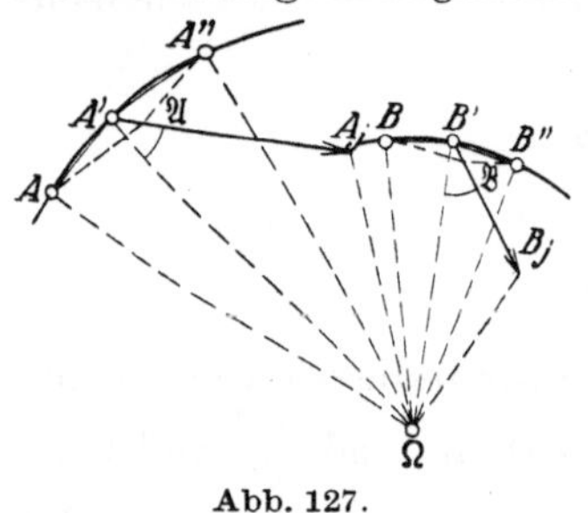

Abb. 127.

Dann liegen die Bahnelemente AA', $A'A''$ und BB', $B'B''$, die hierbei von den Punkten A und B durchlaufen werden, auf zwei Kreisen um den Mittelpunkt Ω. Zu den Elementen AA' und BB' gehören gleiche Zentriwinkel, sie verhalten sich also wie die Radien der Kreise, und dasselbe gilt von den Elementen $A'A''$ und $B'B''$; die Vierecke $\Omega AA'A''$ und $\Omega BB'B''$ sind demnach einander ähnlich. Konstruieren wir daher die Beschleunigungen AA_j und BB_j mittels der Parallelogramme $AA'A''\mathfrak{A}$ und $BB'B''\mathfrak{B}$, indem wir auf den Diagonalen $A'\mathfrak{A}$ und $B'\mathfrak{B}$ die Strecken
$$A'A_j = \frac{A'\mathfrak{A}}{dt^2} \text{ und } B'\mathfrak{B}_j = \frac{B'\mathfrak{B}}{dt^2}$$
machen, so ist auch $\triangle \Omega A'A_j \sim \triangle \Omega B'B_j$ oder beim Grenzübergang $\triangle \Omega AA_j \sim \triangle \Omega BB_j$, und daraus folgt weiter, daß auch $\triangle \Omega A_jB_j \sim \triangle \Omega AB$ ist. Die Endpunkte der Beschleunigungen der Punkte eines um einen festen Punkt rotierenden Systems bilden demnach ein ihm gleichsinnig ähnliches System, und der feste Drehpunkt ist der Doppelpunkt beider Systeme.

Der Winkel $A_jA\Omega$ ist hierbei immer ein spitzer, weil die Beschleunigung AA_j auf der konkaven Seite der Bahn des Punktes A liegt.

Die **Beschleunigung der Systempunkte, die vom Drehpunkt** Ω **um die Längeneinheit entfernt** sind, heißt die **Drehbeschleunigung** oder **Winkelbeschleunigung** des Systems.

103. Wir betrachten jetzt ein starres ebenes System S, das **irgendwie in der festen Ebene** Σ bewegt wird, und bezeichnen mit A, B, C die augenblicklichen Lagen von drei seiner Punkte, mit AA_j, BB_j, CC_j die zugehörigen Beschleunigungen (Abb. 128). Erteilen wir dem System S außerdem eine Parallelbewegung, durch die seine Punkte noch eine zusätzliche Geschwindigkeit und Beschleunigung erhalten, die der Geschwindigkeit und Beschleunigung des Punktes A entgegengesetzt gleich ist, so kommt dadurch der Punkt A während zweier aufeinanderfolgenden gleichen Zeitelemente in Ruhe, und das System dreht sich, wie im vorher betrachteten Falle, während dieser Zeitelemente um A. Infolge der Parallelverschiebung treten zu den ursprünglichen Beschleunigungen BB_j und CC_j noch die Beschleunigungen BB_1 und CC_1, die zu AA_j entgegengesetzt gleich sind und die mit jenen nach der Parallelogrammregel zu den Resultierenden BB_2 und CC_2 zusammengesetzt werden können; noch einfacher ziehen wir nur B_jB_2 und $C_jC_2 = A_jA$. Dadurch ist das Dreieck $A_jB_jC_j$ parallel zu sich selbst in die Lage AB_2C_2 verschoben worden. Nach Art. 102 sind aber die Dreiecke AB_2C_2 und ABC einander gleichsinnig ähnlich; dasselbe

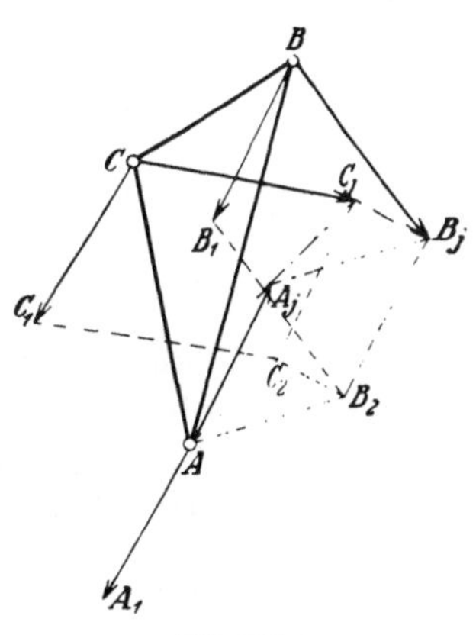

Abb. 128.

gilt also auch von den Dreiecken $A_jB_jC_j$ und ABC, und daraus ergibt sich der Satz: **Die Endpunkte der Beschleunigungen der Punkte eines irgendwie bewegten Systems bilden ein ihm gleichsinnig ähnliches System.**

Sind demnach die Beschleunigungen AA_j und BB_j zweier Systempunkte A und B bekannt, so ist dadurch der Beschleunigungszustand des Systems bestimmt, denn man erhält die Beschleunigung eines dritten Systempunktes C, indem man das Dreieck $A_jB_jC_j$ dem Dreieck ABC gleichsinnig ähnlich macht.

104. In Abb. 129 sind die Beschleunigungen AA_j und BB_j der Punkte A und B gegeben. Treffen sich die Geraden AA_j und BB_j in $\mathfrak{G}$ und bezeichnet $\mathfrak{J}$ den zweiten Schnittpunkt der durch A, B, $\mathfrak{G}$ und durch A_j, B_j, $\mathfrak{G}$ gelegten Kreise, so ist $\angle AB\mathfrak{J} = \angle A_jB_j\mathfrak{J}$, weil beide gleich $\angle A\mathfrak{G}\mathfrak{J}$ sind, und $\angle A\mathfrak{J}B$ ist gleich $\angle A_j\mathfrak{J}B_j$, denn beide sind gleich $\angle A\mathfrak{G}B$, mithin ist $\triangle AB\mathfrak{J} \sim \triangle A_jB_j\mathfrak{J}$. Betrachten wir daher $\mathfrak{J}$ als Systempunkt, so fällt der Endpunkt $\mathfrak{J}_j$ seiner Beschleunigung mit ihm selbst zusammen, $\mathfrak{J}$ ist also der Doppelpunkt der durch die Strecken AB und A_jB_j bestimmten gleichsinnig ähnlichen Systeme S und S_j. In jeder Systemlage gibt es demnach einen Punkt $\mathfrak{J}$, dessen

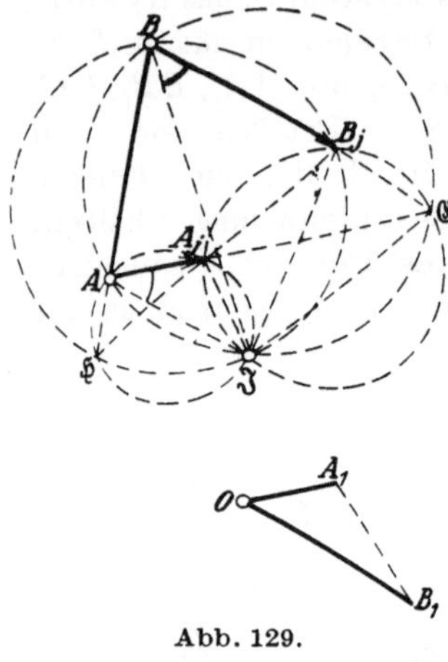

Beschleunigung gleich Null ist; wir nennen ihn den Beschleunigungspol der Systemlage[1]. Der Punkt $\mathfrak{J}$ durchläuft in zwei aufeinanderfolgenden gleichen Zeitelementen in derselben Richtung zwei gleiche Bahnelemente, d. h. er bewegt sich in beiden Zeitelementen mit derselben Geschwindigkeit.

Aus der Ähnlichkeit der Dreiecke $AB\mathfrak{J}$ und $A_jB_j\mathfrak{J}$ folgt, daß auch die Dreiecke $AA_j\mathfrak{J}$ und $BB_j\mathfrak{J}$ einander ähnlich sind, daher ist $\mathfrak{J}$ auch der Doppelpunkt der durch die Strecken AA_j und BB_j bestimmten, gleichsinnig ähnlichen Systeme. Bedeutet also $\mathfrak{H}$ den Schnittpunkt der Geraden AB und A_jB_j, so gehen durch $\mathfrak{J}$

Abb. 129.

auch die Kreise, die durch die Punkte A, A_j, $\mathfrak{H}$ und B, B_j, $\mathfrak{H}$ gelegt werden.

Aus den ähnlichen Dreiecken $AA_j\mathfrak{J}$ und $BB_j\mathfrak{J}$ ergibt sich die Gleichheit der Winkel $\mathfrak{J}AA_j$ und $\mathfrak{J}BB_j$ und demnach der Satz: **Die Richtungen der Beschleunigungen aller Systempunkte bilden mit den von diesen Punkten nach dem Beschleunigungspol gehenden Geraden denselben Winkel, den Richtungswinkel der Beschleunigung.**

Aus den letzten Sätzen schließen wir weiter: Die Richtungen der Beschleunigungen aller Systempunkte, die auf einem durch den Beschleunigungspol gehenden Kreise liegen, schneiden sich in einem Punkte dieses Kreises. Die Beschleunigungen aller Punkte einer durch den Beschleunigungspol gehenden Geraden sind parallel, und ihre Endpunkte befinden sich auf einer Geraden durch den Beschleunigungspol. Die Beschleunigungen aller Punkte eines Kreises um den Beschleunigungspol sind von gleicher Größe.

105. Um noch eine andre Konstruktion des Beschleunigungspols abzuleiten, wenn die Beschleunigungen AA_j und BB_j der Systempunkte A und B bekannt sind, ziehen wir in Abb. 129 durch einen beliebigen Punkt O der Ebene die Strecken $OA_1 \neq AA_j$ und $OB_1 \neq BB_j$; dann ist

$$\frac{OA_1}{OB_1} = \frac{AA_j}{BB_j}$$

[1] Bresse: Mémoire sur un théorème nouveau concernant les mouvements plans etc., J. de l'École polytechn. 1853, Cah. 35 p. 89.

Wegen der Ähnlichkeit der Dreiecke $A A_j \mathfrak{J}$ und $B B_j \mathfrak{J}$ verhält sich aber

$$\frac{A A_j}{B B_j} = \frac{\mathfrak{J} A}{\mathfrak{J} B},$$

mithin verhält sich

$$\frac{O A_1}{O B_1} = \frac{\mathfrak{J} A}{\mathfrak{J} B}.$$

Ferner ist $\angle A_1 O B_1 = \angle A A_j, B B_j = \angle A \mathfrak{G} B$, also gleich $\angle A \mathfrak{J} B$, demnach ist $\triangle A_1 B_1 O \sim \triangle A B \mathfrak{J}$. Wir erhalten daher den Punkt $\mathfrak{J}$ auch dadurch, daß wir über $A B$ ein dem Dreieck $A_1 B_1 O$ gleichsinnig ähnliches Dreieck zeichnen.

Hat nun ein dritter Systempunkt C die Beschleunigung $C C_j$ und ziehen wir noch $O C_1 \# C C_j$, so folgt ebenso wie vorhin, daß $\triangle A_1 C_1 O \sim \triangle A C \mathfrak{J}$ ist, also wird $\triangle A_1 B_1 C_1 \sim \triangle A B C$. Hieraus ergibt sich der Satz von Mehmke: Die Endpunkte der aus einem beliebigen Punkte gezogenen Strecken, die den Beschleunigungen der Systempunkte gleich und gleichgerichtet sind, bilden ein System, das dem bewegten System gleichsinnig ähnlich ist[1].

Die Figur $O A_1 B_1 C_1 \ldots$ heißt der Beschleunigungsplan des bewegten Systems $A B C \ldots$

106. In Abb. 130 ist der Pol $\mathfrak{P}$ der Systemlage und der Beschleunigungspol $\mathfrak{J}$ sowie die Beschleunigung $A A_j$ des Systempunktes A gegeben; wie sich bald herausstellen wird, ist dadurch auch die Geschwindigkeit $A A_v$, die auf $\mathfrak{P} A$ senkrecht steht, bis auf den Richtungssinn bestimmt. Bedeutet $\mathfrak{J} \mathfrak{J}_v$ die Geschwindigkeit des Punktes $\mathfrak{J}$, der also die Beschleunigung Null hat, so ist das Dreieck $\mathfrak{P} \mathfrak{J} \mathfrak{J}_v$ gleichsinnig ähnlich dem Dreieck $\mathfrak{P} A A_v$.

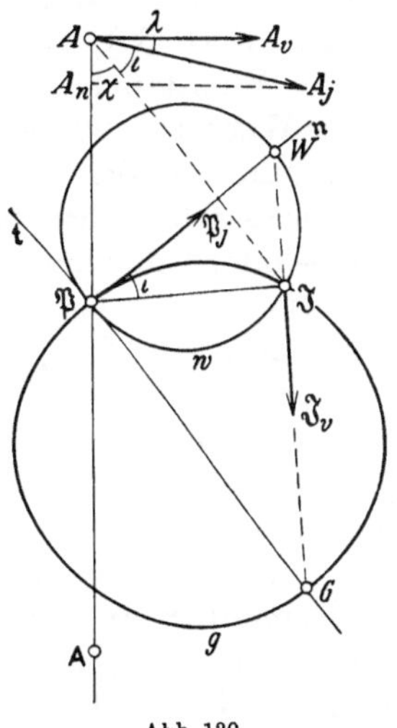

Abb. 130.

Für den mit $\mathfrak{P}$ zusammenfallenden Systempunkt, der während eines Zeitelements ruht und im folgenden seine Bewegung wieder beginnt, erhalten wir die Beschleunigung $\mathfrak{P} \mathfrak{P}_j$, indem wir $\triangle \mathfrak{J} \mathfrak{P} \mathfrak{P}_j \sim \triangle \mathfrak{J} A A_j$ machen. Der Punkt bewegt sich dann in der Richtung $\mathfrak{P} \mathfrak{P}_j$; das in $\mathfrak{P}$ zu $\mathfrak{P} \mathfrak{P}_j$ errichtete Lot liefert demnach die Polkurventangente t.

Bezeichnen wir den Winkel $A_j A A_v$ mit λ, den Winkel $\mathfrak{P} A \mathfrak{J}$ mit χ und den Winkel $\mathfrak{J} A A_j$, also den Richtungswinkel der Beschleunigung,

[1] R. Mehmke: Civilingenieur Bd. 29 (1883) S. 487.

der eine der Systemlage eigentümliche Konstante darstellt, mit ι, so ist

$$\lambda = 90^0 - \iota - \chi.$$

Für alle Systempunkte, bei denen χ denselben Wert hat, ist hiernach λ konstant, d. h. **der geometrische Ort aller Systempunkte, deren Geschwindigkeit und Beschleunigung denselben Winkel λ bilden, ist ein durch den Pol $\mathfrak{P}$ und den Beschleunigungspol $\mathfrak{J}$ gehender Kreis.**

Im Kreisbüschel mit den Grundpunkten $\mathfrak{P}$ und $\mathfrak{J}$ entspricht dem Wert $\lambda = 0$ ein Kreis, für dessen Punkte Geschwindigkeit und Beschleunigung in eine Gerade fallen, so daß die Normalbeschleunigung verschwindet und der Krümmungsradius der Bahn unendlich groß wird[1]. Dieser Kreis ist also der **Wendekreis** w der Systemlage. Wir **können daher den Wendekreis auch definieren als den geometrischen Ort aller Systempunkte, die momentan keine Normalbeschleunigung besitzen.** Da der Wendekreis die Polkurventangente t in $\mathfrak{P}$ berührt, so geht er durch den Schnittpunkt W von $\mathfrak{P}\mathfrak{P}_j$ und $\mathfrak{J}\mathfrak{J}_v$ und hat $\mathfrak{P}W$ zum Durchmesser; der Punkt W ist also der **Wendepol.**

Der Wert $\lambda = 90^0$ bezieht sich auf den Kreis g des Büschels, der den Schnittpunkt G der Geraden t und $W\mathfrak{J}$ enthält und demnach $\mathfrak{P}G$ zum Durchmesser hat, denn für jeden Punkt C dieses Kreises ist der Winkel $\mathfrak{J}C\mathfrak{P}$ — oder sein Supplementwinkel — gleich ι, die Beschleunigung CC_j geht also durch den Punkt $\mathfrak{P}$ und steht deshalb senkrecht auf der Geschwindigkeit CC_v, die in der Geraden GC liegt. **Der Kreis g, der den Wendekreis w in $\mathfrak{P}$ und $\mathfrak{J}$ rechtwinklig schneidet, ist hiernach der Ort der Systempunkte, die momentan keine Tangentialbeschleunigung besitzen**[2]. Zufolge der Gleichung (3) des Art. 100 ist für jeden Punkt von g die Änderung des Bahnelements, die wir mit d^2s bezeichnet hatten, gleich Null. Der Punkt durchläuft also momentan in zwei aufeinanderfolgenden gleichen Zeitelementen zwei gleiche Bahnelemente, und deshalb nennt man g den **Gleichenkreis** — oder auch den **Wechselkreis** — der Systemlage.

In Abb. 130 ist der Wendepol W durch die Punkte $\mathfrak{P}$ und $\mathfrak{J}$ und den Winkel ι bereits bestimmt. Aus $\mathfrak{P}$ und W können wir aber den Krümmungsmittelpunkt A der Bahnkurve des Punktes A nach Art. 43 ermitteln, und aus A und der Beschleunigung AA_j finden wir nach Art. 100 die Größe der Geschwindigkeit AA_v, deren Richtungssinn wir auf der Senkrechten zu $\mathfrak{P}A$ noch willkürlich festsetzen dürfen.

Wir entwickeln schließlich noch einen einfachen Ausdruck für die Beschleunigung $\mathfrak{P}\mathfrak{P}_j$ des mit dem Pole $\mathfrak{P}$ zusammenfallenden System-

---

[1] Vgl. Art. 100 Gleichung (4).
[2] Bresse: vgl. die Anm. zu Art. 104.

punktes, den wir früher mit P bezeichnet hatten. Gelangt das System aus seiner Anfangslage S in zwei aufeinanderfolgenden gleichen Zeitelementen dt durch die Drehungen $d\vartheta$ und $d\vartheta + d^2\vartheta$ bzw. um die Pole $\mathfrak{P}$ und $\mathfrak{Q}$ in die Lagen S' und S'', so bleibt der Systempunkt P bei der ersten Drehung in Ruhe, bei der zweiten beschreibt er um $\mathfrak{Q}$ einen unendlich kleinen Kreisbogen $\mathfrak{P}P'' = \overline{\mathfrak{P}\mathfrak{Q}} \cdot (d\vartheta + d^2\vartheta) = d\mathfrak{s}\,d\vartheta$, wobei $d\mathfrak{s}$ wie immer die Länge des Elements $\mathfrak{P}\mathfrak{Q}$ der Polkurve π bedeutet (vgl. Abb. 60 in Art. *56). Daraus erhalten wir für die Strecke $\mathfrak{P}\mathfrak{P}_j$, die auf $\mathfrak{P}\mathfrak{Q}$ senkrecht steht, den Wert

$$\mathfrak{P}\mathfrak{P}_j = \frac{\mathfrak{P}P''}{dt^2} = \frac{d\mathfrak{s}}{dt} \cdot \frac{d\vartheta}{dt} \,.$$

Nun ist aber $\dfrac{d\mathfrak{s}}{dt}$ die momentane Rollgeschwindigkeit $\mathfrak{u}$ des Systems und $\dfrac{d\vartheta}{dt}$ ist seine Winkelgeschwindigkeit ω, also ergibt sich

$$\mathfrak{P}\mathfrak{P}_j = \mathfrak{u}\omega, \tag{7}$$

in Worten: **Die Beschleunigung des mit dem Pole zusammenfallenden Systempunktes ist gleich dem Produkt aus der Rollgeschwindigkeit und der Winkelgeschwindigkeit des Systems.**

Nach Art. 21 Gleichung (4) ist ferner

$$\mathfrak{P}W = \frac{\mathfrak{u}}{\omega} \,;$$

hieraus folgt

$$\mathfrak{P}\mathfrak{P}_j = \overline{\mathfrak{P}W} \cdot \omega^2. \tag{8}$$

In Abb. 130 haben also die Strecken $\mathfrak{P}\mathfrak{P}_j$ und $\mathfrak{P}W$ stets dieselbe — und niemals entgegengesetzte — Richtung, folglich ist $\angle\,\mathfrak{J}\mathfrak{P}\mathfrak{P}_j$, d. h. der Richtungswinkel ι der Beschleunigung, $= \angle\,\mathfrak{J}\mathfrak{P}W$, also kleiner als 90^0. **Der Richtungswinkel der Beschleunigung ist demnach immer ein spitzer Winkel**[1].

107. **Konstruktion der Beschleunigungen bei der Bewegung eines starren ebenen Systems in seiner Ebene.** Die Bewegung des Systems ist in Abb. 131 für zwei aufeinanderfolgende

---

[1] Vgl. Art. 102. — Deshalb dürfen die Beschleunigungen AA_j und BB_j, die nach Art. 103 den momentanen Beschleunigungszustand des Systems definieren, nicht ganz willkürlich angenommen werden. Vertauschen wir z. B. in Abb. 129 die Buchstaben A und A_j sowie B und B_j miteinander, so bleibt der Punkt $\mathfrak{J}$ zwar immer noch der Doppelpunkt der durch die Strecken AB und A_jB_j bestimmten ähnlichen Systeme, aber AA_j und BB_j repräsentieren nicht mehr die Beschleunigungen der Punkte A und B, weil dann die einander gleichen Winkel $\mathfrak{J}AA_j$ und $\mathfrak{J}BB_j$ zu stumpfen Winkeln werden.

gleiche Zeitelemente gegeben durch die augenblicklichen Lagen zweier Systempunkte A und B, die zugehörigen Krümmungsmittelpunkte A und B ihrer Bahnkurven und die Beschleunigung $A A_j$ des Punktes A, die bekanntlich auf derselben Seite der Bahntangente von A liegt wie der Punkt A; gesucht ist die Beschleunigung $B B_j$ des Punktes B und außerdem noch die Beschleunigung $C C_j$ eines beliebigen Systempunktes C.

Aus der Beschleunigung $A A_j$ und dem Krümmungsmittelpunkt A ermitteln wir wie in Art. 100 zunächst die Geschwindigkeit $A A_v$ des

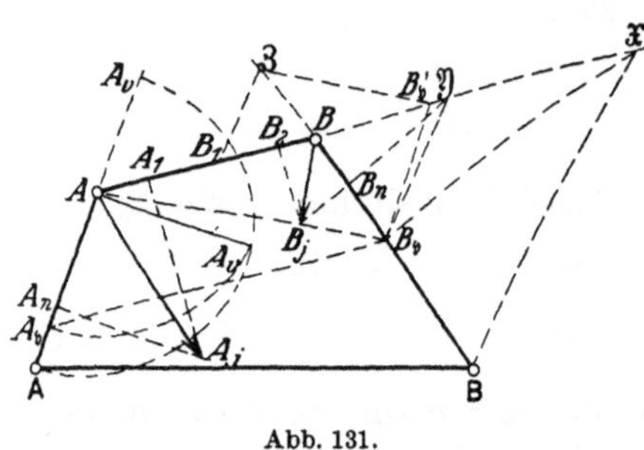

Abb. 131.

Punktes A, von der wir annehmen wollen, daß sie nach rechts gerichtet sei; wir fällen also von A_j auf AA das Lot $A_j A_n$ und machen auf der Verlängerung von AA die Strecke $A A_v = A_n A$, dann schneidet der über AA_v beschriebene Halbkreis die Bahntangente des Punktes A in A_v. Ziehen wir durch den Endpunkt A_v der gedrehten Geschwindigkeit $A A_v$ die Gerade $A_v B_v \parallel A B$ bis BB, so ist $B B_v$ die gedrehte Geschwindigkeit des Punktes B.

Aus $B B_v$ und dem Krümmungsmittelpunkt B ergibt sich die Normalbeschleunigung $B B_n$ von B nach Abb. 125 mittels eines wechselnden Parallelenzuges B $\mathfrak{X} B_v \mathfrak{Y} B_n$. Dabei haben wir der Einfachheit halber die Hilfslinie $B\mathfrak{X}$ mit der Verlängerung von $A B$ zusammenfallen lassen und die Gerade $B_v\mathfrak{X} \perp B$B gezogen; die Gerade $\mathfrak{Y} B_n$ ist also ein geometrischer Ort für den Endpunkt B_j der Beschleunigung $B B_j$.

Um einen zweiten geometrischen Ort für den Punkt B_j zu erhalten, betrachten wir die momentane Bewegung des Systems in zwei aufeinanderfolgenden Zeitelementen als die Resultierende aus einer Parallelverschiebung mit der Geschwindigkeit $A A_v$ und der Beschleunigung $A A_j$ (Führungsbewegung) und einer gewissen Drehung um den Punkt A (relative Bewegung). Ziehen wir durch B_v die Gerade $B_v B'_v \parallel A$A bis zur Verlängerung von $A B$, so ist die gedrehte Geschwindigkeit $B B_v$ die geometrische Summe der Strecken $B B'_v$ und $B'_v B_v$. Von ihnen repräsentiert $B'_v B_v$, das parallel und gleich $A A_v$ ist, die gedrehte Führungsgeschwindigkeit von B, mithin ist die Strecke $B B'_v$, da sie die Richtung $A B$ hat, die gedrehte relative Geschwindigkeit dieses Punktes.

Für die relative Bewegung von B ist A der Krümmungsmittelpunkt der Bahn, die Normalbeschleunigung $B B_1$, die auf der Geraden $A B$ liegt, ist also gleich $\dfrac{\overline{B B'_v}^2}{\overline{A B}}$. Wir konstruieren sie am einfachsten mittels des wechselnden Parallelenzugs $A B_v B'_v \mathfrak{Z} B_1$.

Die Beschleunigung BB_j des Punktes B ist die Resultierende aus seiner Führungsbeschleunigung, die gleich AA_j ist, und seiner — noch unbekannten — relativen Beschleunigung. Ihre senkrechte Projektion auf die Gerade AB ist demnach die geometrische Summe der Projektion AA_1 von AA_j und der relativen Normalbeschleunigung BB_1, d. h. gleich BB_2, wenn auf der Geraden AB die Strecke $B_1B_2 = AA_1$ gemacht wird. Dann ist B_j der Schnittpunkt des in B_2 zu AB errichteten Lotes mit der Geraden $\mathfrak{Y}B_n$.

Nach Art. 103 erhalten wir nunmehr den Endpunkt C_j der Beschleunigung irgendeines andern Systempunktes C, indem wir über der Grundlinie A_jB_j ein dem Dreieck ABC gleichsinnig ähnliches Dreieck zeichnen.

Die soeben gelöste Aufgabe ist gleichbedeutend mit der Ermittelung der Beschleunigungen bei dem Kurbelgetriebe $AB\mathsf{BA}$ mit dem festen Glied AB, wenn für den Koppelendpunkt A die Beschleunigung AA_j gegeben ist. Die Konstruktion vereinfacht sich in dem wichtigen Sonderfalle, daß der Arm $A\mathsf{A}$ mit konstanter Geschwindigkeit um den Punkt A rotiert. Setzen wir hier die Geschwindigkeit AA_v des Punktes A gleich $A\mathsf{A}$, so fällt auch die Beschleunigung AA_j mit $A\mathsf{A}$ zusammen.

Siebentes Kapitel.

Grundzüge der Theorie der Bewegung eines starren räumlichen Systems.

Die Bewegung eines starren räumlichen Systems um einen festen Punkt.

108. Ein starres räumliches System S — oder ein starrer Körper, der aber nach allen Richtungen hin als unbegrenzt ausgedehnt gedacht werden kann — bewege sich im festen Raume Σ in der Weise, daß ein Systempunkt O beständig fest bleibt. Dann liegen die Bahnkurven aller andern Systempunkte auf Kugelflächen um O; der ganze Bewegungsvorgang könnte also auch behandelt werden als die Bewegung eines sphärischen Systems in seiner Kugelfläche.

Definiert man zwei beliebige Systemlagen S und S' in Abb. 132 durch die kongruenten Dreiecke OAB und $OA'B'$, so ergibt sich zur Anfangslage C eines andern Systempunktes die entsprechende Lage C', indem man das Tetraeder $OA'B'C'$ dem Tetraeder $OABC$ kongruent macht. Die mittelsenkrechten Ebenen der Strecken AA' und BB' schneiden sich in einer Geraden $\mathfrak{x}$, die durch den Punkt O geht, weil dieser in beiden Ebenen liegt. Dann ist $\angle\, A O\chi = \angle\, A'O\chi$ und $\angle\, B O\chi = \angle\, B'O\chi$, folglich sind die Dreikante $O(A B\chi)$ und $O(A'B'\chi)$ einander kongruent; von der Systemgeraden, deren Anfangslage x mit der Geraden χ von Σ zusammenfällt, deckt sich also die Lage x' ebenfalls mit χ. Der Übergang eines starren Systems, von dem ein Punkt O fest bleibt, aus einer Lage in eine andere kann demnach stets bewirkt werden durch eine Drehung des Systems um eine durch O gehende Achse. Oder: Wenn beim Übergang eines Körpers aus einer Lage in eine andere ein Punkt fest bleibt, so bleibt auch immer eine durch diesen Punkt gehende Gerade fest[1].

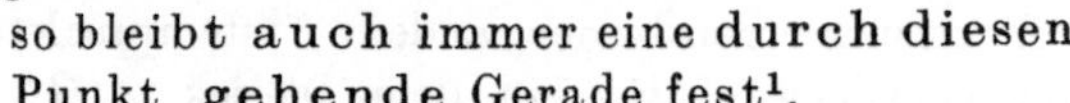

Abb. 132.

Die Gerade χ, welche die Systemlagen S und S' Punkt für Punkt entsprechend gemein haben, heißt ihre Drehungsachse. Außerdem haben S und S' jede Ebene, die auf χ senkrecht steht, entsprechend gemein, jede dieser Ebenen hat sich aber beim Übergang aus der ersten in die zweite Lage in sich selbst um χ gedreht. — Durch χ geht auch die mittelsenkrechte Ebene der Strecke CC'.

109. Sind S und S' unendlich benachbart, so nennt man χ die **momentane Drehungsachse der Systemlage** S. — Beim Grenzübergang verwandelt sich die mittelsenkrechte Ebene von CC' in die Normalebene der Kegelfläche, die der Strahl OC bei der Bewegung des Systems erzeugt.

Während der kontinuierlichen Bewegung des Systems S im Raume Σ wird die momentane Drehungsachse fortwährend wechseln. So erhalten wir in Σ für die unendlich benachbarten Lagen S und S', S' und S'', S'' und S''' ... die aufeinanderfolgenden Drehungsachsen $\chi,\mathfrak{y},\mathfrak{z}\ldots$, und diesen entsprechen in der Anfangslage S die Strahlen $x,y,z\ldots$, von denen die Lagen x und x', y' und y'', z'' und $z'''\ldots$ bzw. mit $\chi,\mathfrak{y},\mathfrak{z}\ldots$ zusammenfallen. Die Strahlen $\chi,\mathfrak{y},\mathfrak{z}\ldots$ und $x,y,z\ldots$ bilden zwei Kegelflächen $\mathfrak{K}$ und K mit dem gemeinsamen Mittelpunkt O von der Beschaffenheit, daß die Flächenelemente $xy,yz\ldots$ von K in den Lagen $x'y'$, $y''z''\ldots$ bzw. mit den Flächenelementen $\chi\mathfrak{y},\mathfrak{y}\mathfrak{z}\ldots$ von $\mathfrak{K}$ zur Deckung kommen. Hieraus ergibt sich der Satz: **Die Bewegung eines starren räumlichen Systems um einen festen Punkt geht in der Weise vor sich, daß ein dem beweglichen System angehörender Kegel** K **auf einem dem festen Raume**

---

[1] **Euler:** Novi Comm. Acad. Petrop. Bd. 20 (1776), S. 202. Der entsprechende Satz für unendlich kleine Bewegungen wurde bereits 1749 von d'Alembert, 1750 von Euler selbst gefunden.

angehörenden **Kegel** $\Re$ abrollt. Die beiden Kegel $\Re$ und K werden als **Polkegel oder Achsenkegel** bezeichnet[1].

Ist der Punkt O unendlich fern, so verwandeln sich die Polkegel in Zylinder. Dann liefert uns jeder Normalschnitt durch beide Zylinderflächen die in den vorhergehenden Kapiteln behandelte ebene Bewegung.

110. Die Polkegel $\Re$ und K, die die Bewegung des Systems S im Raume Σ definieren, können beliebig gewählt werden. Ersetzen wir sie durch zwei **gerade Kreiskegel** mit den Achsen a_1 und a_2, so drehen sich für einen Beobachter, der sich in der Ebene $a_1 a_2$ befindet, die beiden aufeinander rollenden Kegel wie zwei **konische Zahnräder** um ihre festen Achsen a_1 und a_2.

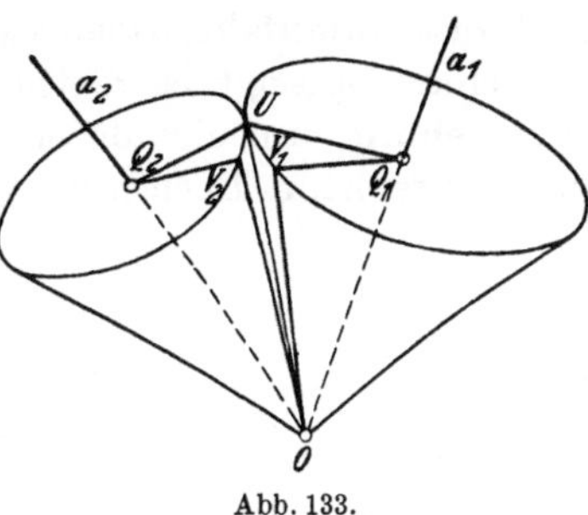

Abb. 133.

In Abb. 133 ist OU die in der Ebene $a_1 a_2$ liegende Mantellinie, in der sich die Kegel momentan berühren; OV_1 und OV_2 stellen die Mantellinien dar, die nach Ablauf der Zeit dt miteinander zusammenfallen, und Q_1 und Q_2 sind die Fußpunkte der von U auf a_1 und a_2 gefällten Lote, also die Mittelpunkte der Grundkreise beider Kegel. Setzen wir die Winkel, die die Mantellinie OU mit a_1 und a_2 bildet, gleich α_1 und α_2, ferner $\angle UOV_1 = d\varepsilon_1$, $\angle UOV_2 = d\varepsilon_2$ und $\angle UQ_1V_1 = d\varphi_1$, $\angle UQ_2V_2 = d\varphi_2$, so ist der Bogen $UV_1 = OU \cdot d\varepsilon_1$ und auch $= Q_1 U \cdot d\varphi_1$, also

$$d\varepsilon_1 = \frac{Q_1 U}{OU} \cdot d\varphi_1 = d\varphi_1 \sin\alpha_1$$

und ebenso im zweiten Kegel

$$d\varepsilon_2 = d\varphi_2 \sin\alpha_2.$$

Nun ist aber $d\varepsilon_1 = d\varepsilon_2$, mithin verhält sich

$$d\varphi_1 : d\varphi_2 = \sin\alpha_2 : \sin\alpha_1.$$

Bezeichnen wir endlich mit ω_1 und ω_2 die Umdrehungsgeschwindigkeiten beider Kegel um ihre Achsen a_1 und a_2, so ist $\omega_1 = \dfrac{d\varphi_1}{dt}$ und $\omega_2 = \dfrac{d\varphi_2}{dt}$; für die proportionale Übertragung der Drehung von der einen Achse auf die andre ergibt sich daher die Formel

$$\omega_1 : \omega_2 = \sin\alpha_2 : \sin\alpha_1.$$

---

[1] Poinsot: Théorie nouvelle de la rotation des corps. Paris 1834, § 8.

Die allgemeinste Bewegung eines starren räumlichen Systems.

111. Zwei beliebige Systemlagen S und S' seien durch die kongruenten Dreiecke ABC und $A'B'C'$ gegeben (Abb. 134). Dann erhalten wir zur Anfangslage D irgendeines andern Systempunktes die entsprechende Lage D', indem wir das Tetraeder $A'B'C'D'$ dem Tetraeder $ABCD$ kongruent machen.

Um das System aus der Lage S in die Lage S' zu bringen, können wir es zunächst parallel zu sich in die Lage S'' verschieben, in der A mit A' zusammenfällt; dadurch kommt das Dreieck ABC nach $A'B''C''$. Von hier aus gelangt das System nach Art. 108 in die Endlage S' mittels einer Drehung um eine durch A' gehende Achse, die Schnittlinie der mittelsenkrechten Ebenen von $B'B''$ und $C'C''$, die wir zugleich mit

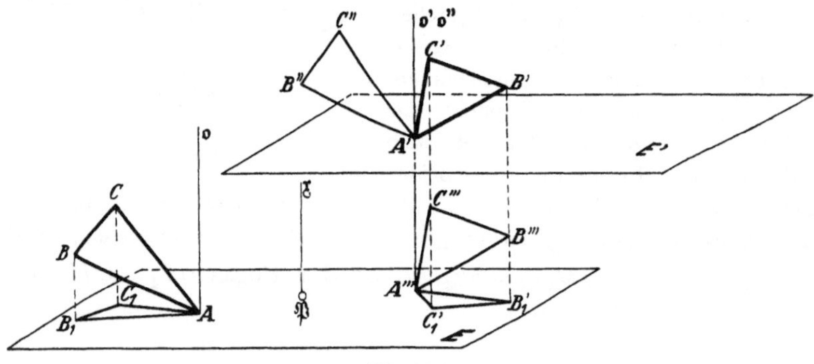

Abb. 134.

o' und o'' bezeichnen wollen. Ihr entspricht in S die zu o' parallele Gerade o durch den Punkt A. Alle Systemgeraden, die zu o parallel sind, bleiben beim Übergang von S in S' zu sich selbst parallel, und dasselbe gilt von allen Ebenen, die auf o senkrecht stehen, z. B. von der durch A senkrecht zu o gelegten Ebene E; in unserer Abbildung geht also E' durch A' parallel zu E.

Verstehen wir nun unter A''' den Schnittpunkt von o' mit E und verschieben wir das System S' parallel zu o', bis der Punkt A' nach A''' kommt, in die Lage $S''' = A'''B'''C'''$, so fällt E''' auf E, ohne daß entsprechende Punkte beider Ebenen einander decken; dieses erreichen wir vielmehr erst durch eine Drehung um einen bestimmten Punkt $\mathfrak{P}$, den Pol von E und E''', den wir nach Art. 1 leicht konstruieren können: Sind nämlich B_1, C_1 und B_1', C_1' die senkrechten Projektionen von B, C und von B', C' — oder von B''', C''' — auf die Ebene E, so ist $\triangle AB_1C_1 \cong \triangle A'''B_1'C_1'$, und dann ist $\mathfrak{P}$ der Schnittpunkt der Mittelsenkrechten von AA''', B_1B_1' und C_1C_1'.

Jetzt können wir das System aus seiner Anfangslage S in die Endlage S' auch dadurch überführen, daß wir es zuerst um eine durch $\mathfrak{P}$ gehende Achse $\mathfrak{x}$, die zu o' parallel ist, bis in die Lage S''' drehen und es dann parallel zu $\mathfrak{x}$ um die Strecke $A'''A'$ verschieben. Durch die Drehung wird jede Systemgerade zu ihrer Endlage parallel, und durch die Verschiebung kommt sie mit ihr zur Deckung. Die beiden Bewegungen lassen sich auch in ihrer Reihenfolge vertauschen, sie lassen sich aber auch gleichzeitig ausführen, etwa so, daß gleichen Drehungswinkeln immer gleiche Parallelverschiebungen entsprechen, und dann verschmelzen sie zu einer Schraubung um die Achse $\mathfrak{x}$. Wir erhalten demnach den Satz: **Jede Ortsveränderung eines starren räumlichen Systems läßt sich hervorbringen durch eine Schraubung um eine Achse, die durch Anfangs- und Endlage bestimmt ist[1].**

Bezeichnen wir mit $\mathfrak{h}$ die Ganghöhe dieser Schraubung, mit Θ den im Bogenmaß gemessenen Drehungswinkel $A\,\mathfrak{P}\,A'''$ und mit u die Parallelverschiebung von der Größe $A'''A'$, so verhält sich

$$\mathfrak{h} : u = 2\pi : \Theta,$$

also ist

$$\mathfrak{h} = \frac{2\pi u}{\Theta}.$$

Die Achse $\mathfrak{x}$ ist die selbstentsprechende Gerade der Systemlagen S und S', als Systemgerade können wir sie also gleichzeitig mit x und x' bezeichnen. Aber die Systeme S und S' haben die Gerade x nicht Punkt für Punkt miteinander gemein, denn diese verschiebt sich in sich selbst um die Strecke u, während das System aus seiner Anfangslage in die Endlage übergeht.

Wenn S und S' einander unendlich nahe rücken, wird $\mathfrak{x}$ zur Achse der momentanen Schraubenbewegung oder zur **Momentanachse** der Systemlage S.

112. Um uns von der kontinuierlichen Bewegung eines starren räumlichen Systems ein Bild zu machen, gehen wir aus von einer Reihe unendlich benachbarter Systemlagen $S, S', S'', S'''\ldots$ und verstehen unter $\mathfrak{x}, \mathfrak{y}, \mathfrak{z}\ldots$ die dem festen Raume Σ angehörenden Schraubenachsen für den Übergang von S in S', S' in S'', S'' in $S'''\ldots$ Als selbstentsprechende Gerade der Systemlagen S und S' bezeichnen wir $\mathfrak{x}$ wieder mit x und x' und nennen $y, z\ldots$ die Anfangslagen der Systemgeraden, deren Lagen y' und y'', z'' und $z'''\ldots$ bzw. mit $\mathfrak{y}, \mathfrak{z}\ldots$ zusammenfallen.

---

[1] Ohne genügenden Beweis zuerst ausgesprochen 1763 durch Giulio Mozzi, unabhängig davon wiedergefunden 1830 durch Chasles: Bull. des sciences math. de Férussac Bd. 14 S. 324, für unendlich kleine Bewegungen 1827 durch Cauchy: Exercices de math. Bd. 2, S. 87.

Infolge der unendlich kleinen Schraubung um $\mathfrak{x}$ verschiebt sich die Gerade x, die momentan auf $\mathfrak{x}$ liegt, nur unendlich wenig in sich selbst und kommt so nach x'; gleichzeitig gelangt y in die Lage y', die sich mit $\mathfrak{y}$ deckt. Bei der folgenden unendlich kleinen Schraubung um die Achse $\mathfrak{y}$ entfernt sich die Systemgerade x wieder von der festen Geraden $\mathfrak{x}$, y verschiebt sich in y' unendlich wenig bis y'', und die Gerade z fällt in der Lage z'' mit der Achse $\mathfrak{z}$ zusammen usw.

Die unendlich dicht aufeinanderfolgenden Achsen $\mathfrak{x}, \mathfrak{y}, \mathfrak{z} \ldots$, von denen im allgemeinen keine die benachbarte schneiden wird, sind die Erzeugenden einer windschiefen, geradlinigen Fläche $\mathfrak{R}$ des festen Raumes Σ, und ebenso bilden die Geraden $x, y, z \ldots$ eine dem bewegten System S angehörende windschiefe, geradlinige Fläche R. Verstehen wir unter einem **windschiefen Flächenelement** den unendlich schmalen Streifen zwischen zwei benachbarten Erzeugenden einer windschiefen, geradlinigen Fläche, so folgt aus den vorhergehenden Darlegungen, daß die Fläche $\mathfrak{R}$ und die Lage R' der Fläche R die Elemente $\mathfrak{x}\mathfrak{y}$ und $x'y'$ miteinander gemein haben. Infolge der unendlich kleinen Schraubung um $\mathfrak{y}$, durch die R in die Lage R'' gelangt, werden die beiden Flächenelemente wieder voneinander getrennt, dagegen fällt jetzt das Element $y''z''$ von R'' mit dem Element $\mathfrak{y}\mathfrak{z}$ von $\mathfrak{R}$ zusammen usw.

Diese Bewegung der Fläche R, die aus einer Folge unendlich kleiner Drehungen und Parallelverschiebungen besteht, wird als ein **Rollen und Gleiten** oder auch als ein **Schroten** bezeichnet. Somit gelangen wir zu dem Satze: **Die allgemeinste Bewegung eines starren räumlichen Systems kann immer erzeugt werden durch das Rollen und Gleiten einer dem System angehörenden geradlinigen Fläche R auf einer dem festen Raume angehörenden geradlinigen Fläche $\mathfrak{R}$** [1]. Die Flächen $\mathfrak{R}$ und R heißen **Achsenflächen** oder **Achsoide**.

113. Wir bezeichnen jetzt mit XY den kürzesten Abstand der Erzeugenden x und y der Fläche R, also die unendlich kleine Strecke, die auf x und y bzw. in X und Y senkrecht steht, ebenso mit $\mathfrak{X}\mathfrak{Y}$ den kürzesten Abstand der Erzeugenden $\mathfrak{x}$ und $\mathfrak{y}$ von $\mathfrak{R}$. Wenn das windschiefe Flächenelement xy in der Lage $x'y'$ mit $\mathfrak{x}\mathfrak{y}$ zusammenfällt, so deckt sich die zugehörige Lage von XY mit $\mathfrak{X}\mathfrak{Y}$, also ist

$$XY = \mathfrak{X}\mathfrak{Y};$$

ferner ist

$$\angle\, xy = \angle\, \mathfrak{x}\mathfrak{y}.$$

Zwischen den beiden Flächenelementen besteht demnach die Beziehung

$$\frac{XY}{\angle\, xy} = \frac{\mathfrak{X}\mathfrak{Y}}{\angle\, \mathfrak{x}\mathfrak{y}}.$$

---

[1] Cauchy: 1827 a. a. O.

Bei jeder windschiefen Fläche nennt man nun das Verhältnis zwischen dem kürzesten Abstand zweier unendlich benachbarten Erzeugenden und ihrem Winkel den Parameter der betrachteten Erzeugenden; dieses Verhältnis hat nämlich für die in Rede stehende Erzeugende einen bestimmten Wert, der sich aber beim Übergang zu einer andern Erzeugenden im allgemeinen ändert. Dann folgt aus der letzten Gleichung: Die beiden Achsenflächen haben für je zwei Erzeugende, die im Laufe der Bewegung miteinander zusammenfallen, gleichen Parameter.

In der Theorie der windschiefen Flächen wird gezeigt, daß jede Ebene, die eine Erzeugende einer solchen Fläche enthält, eine Berührungsebene darstellt. Unter den durch die Erzeugende x gehenden Berührungsebenen der Fläche R befinden sich zwei ausgezeichnete: Die eine, die zur unendlich benachbarten Erzeugenden y parallel ist, berührt die Fläche im unendlich fernen Punkte von x und heißt die asymptotische Berührungsebene dieser Erzeugenden, die andre steht auf der ersten senkrecht, enthält also den kürzesten Abstand XY von x und y und berührt die Fläche in X; man nennt sie die Zentralebene und X den Zentralpunkt der Erzeugenden x. — Durch den Zentralpunkt und die Zentralebene sowie den Parameter einer Erzeugenden ist die Berührungsebene der Fläche für jeden Punkt dieser Geraden bestimmt. Hieraus folgt, daß die Achsenflächen R und $\Re$ einander in allen Punkten ihrer gemeinsamen Erzeugenden berühren.

Die Achsenflächen haben für die allgemeinste Bewegung eines starren räumlichen Systems dieselbe Bedeutung wie die Polkurven für die ebene Bewegung und wie die Polkegel für die Drehung eines starren Körpers um einen festen Punkt, nur mit einem bemerkenswerten Unterschied: Während man die beiden Polkurven und auch die beiden Polkegel unabhängig voneinander annehmen kann, sind die beiden Achsenflächen durch die Bedingung verknüpft, daß sie in je zwei entsprechenden Erzeugenden gleichen Parameter haben müssen. Ist also die eine von beiden Flächen beispielsweise abwickelbar, so ist es auch die andre; beide können ferner nur gleichzeitig in Zylinderflächen ausarten.

114. Wir wollen nun annehmen, die eine Achsenfläche sei ein einschaliges Umdrehungshyperboloid, das durch die Umdrehungsachse a und die Erzeugende x definiert ist. In Abb. 135 sind a und x in Grund- und Aufriß gezeichnet; a steht auf der Grundrißebene senkrecht, während x zur Aufrißebene parallel liegt. Die Strecke AB mißt den kürzesten Abstand r beider Geraden, A ist also der Mittelpunkt des Hyperboloids. Um den Parameter der Erzeugenden x zu bestimmen, drehen wir x um a durch einen unendlich kleinen Winkel

$d\varphi$ in die **Lage** y. Dabei beschreibt der Punkt B auf dem Kehlkreis k der Fläche den Bogen BC, und der Zentriwinkel $BAC = d\varphi$ erscheint im Grundriß in wahrer Größe; y' berührt k' in C', C'' liegt auf der Parallelen durch A'' zu x', und die Gerade y'' ergibt sich, indem wir zu einem zweiten Punkte von y, der im Grundriß beliebig gewählt wird, den Aufriß konstruieren. Nun ermitteln wir erstens den kürzesten Abstand der Geraden x und y: Die asymptotische Berührungsebene von x berührt den Asymptotenkegel des Hyperboloids in seiner zu x

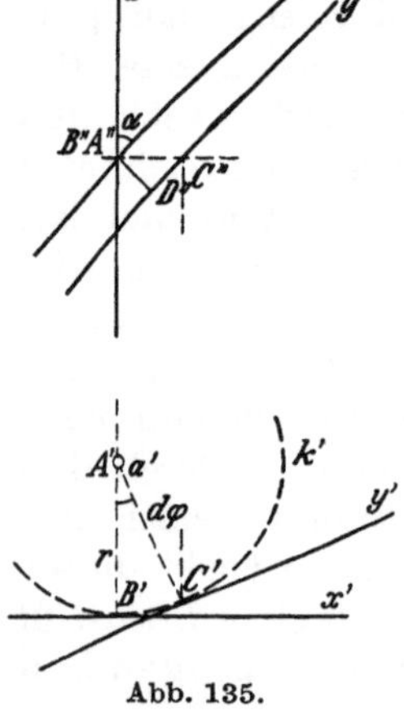

Abb. 135.

parallelen Mantellinie, deren Aufriß sich mit x'' deckt, steht also auf der Aufrißebene senkrecht; mithin ist die Zentralebene von x parallel zur Aufrißebene, sie berührt demnach das Hyperboloid in B, d. h. B ist der Zentralpunkt der Erzeugenden x. Der kürzeste Abstand von x und y ist also das von B auf y gefällte Lot BD. Da dieses zugleich auf der Geraden x senkrecht steht und mit ihr in einer zur Aufrißebene parallelen Ebene liegt, so ist $B''D'' \perp x''$ und gleich der wahren Länge von BD. — Jetzt können wir BD berechnen. Bezeichnen wir nämlich den von den Erzeugenden des Hyperboloids mit der Achse a gebildeten Winkel — den sogenannten Schränkungswinkel — mit α, so ist auch $\angle\, D''B''C''$
$= \angle\, x''B''a'' = \alpha$. Da die Geraden x'' und y'' einen unendlich kleinen Winkel bilden, so dürfen wir das Dreieck $B''D''C''$ als rechtwinklig betrachten, folglich ist

$$BD = B''D'' = BC\cos\alpha = r\sin d\varphi\cos\alpha = r\,d\varphi\cos\alpha.$$

Wir ermitteln zweitens den unendlich kleinen Winkel $d\varepsilon$ zwischen den Erzeugenden x und y. Zu dem Zwecke denken wir uns über dem Kehlkreis k einen geraden Kreiskegel konstruiert, dessen Mantellinien zu den Erzeugenden des Hyperboloids parallel laufen; dann entsprechen den zu x und y parallelen Mantellinien zwei Grundkreisradien, die den Zentriwinkel $d\varphi$ einschließen, wir finden also wie in Art. 110

$$d\varepsilon = d\varphi \sin\alpha.$$

Aus den beiden letzten Gleichungen folgt für den Parameter der Erzeugenden x der Wert

$$\frac{BD}{d\varepsilon} = r \cot\alpha.$$

Der Parameter ist demnach konstant für alle Erzeugenden

desselben **Hyperboloids, nämlich gleich der halben Neben-
achse der Meridianhyperbel.**

Auf Grund unsrer früheren Darlegungen erhalten wir hieraus den
Satz: **Zwei einschalige Umdrehungshyperboloide mit den
Achsen a_1 und a_2, den Kehlkreisradien r_1 und r_2 und den
Schränkungswinkeln α_1 und α_2 liefern dann und nur dann
ein Paar von Achsenflächen für die Erzeugung der Bewegung
eines starren räumlichen Systems, wenn $r_1\cot g\alpha_1 = r_2\cot g\alpha_2$ ist.**

115. Es seien nun H_1 und H_2 zwei einschalige Umdrehungshyperboloide, die der eben gefundenen Bedingung genügen, es verhalte sich
also

$$r_1 : r_2 = \operatorname{tg}\alpha_1 : \operatorname{tg}\alpha_2. \tag{1}$$

Wir bezeichnen mit x_1 und x_2 irgend zwei Erzeugende beider Flächen,
mit A_1X_1 und A_2X_2 ihre kürzesten Abstände von den Achsen a_1 und a_2,
also mit A_1 und A_2 die Mittelpunkte der Hyperboloide und mit X_1 und X_2
die Zentralpunkte von x_1 und x_2. Dann können wir H_2 so auf H_1 legen,
daß x_2 und X_2 bzw. auf x_1 und X_1 fallen und daß X_2A_2 in der Verlängerung
von A_1X_1 liegt; dabei sollen sich a_1 und a_2 auf verschiedenen Seiten
der Ebene durch x_1, x_2 und A_1A_2 befinden. Die Flächen berühren
sich jetzt in allen Punkten ihrer gemeinsamen Erzeugenden x_1, x_2,
das Hyperboloid H_2 läßt sich also aus dieser Lage in der Weise fort-
bewegen, daß es an dem festen Hyperboloid H_1 fortwährend rollt und
gleitet. Wir können aber auch beide Achsen a_1 und a_2 festhalten und
die beiden Hyperboloide als widerstandsfähige Körper — **hyperbo-
loidische Räder** — die um ihre Achsen drehbar sind, betrachten.
Drehen wir dann H_1 um a_1, so rotiert auch H_2 um a_2, und dabei berühren
sich beide Flächen immer in den Erzeugenden, die gleichzeitig in die
Lage x_1, x_2 gelangen. Sind y_1 und y_2 die beiden Erzeugenden, die
nach Ablauf der Zeit dt infolge der Drehungen $d\varphi_1$ und $d\varphi_2$ miteinander
zusammenfallen, so ist nach Art. 113 $\angle\, x_1y_1 = \angle\, x_2y_2$. Nach Art. 114
ist aber $\angle\, x_1y_1 = d\varphi_1 \sin\alpha_1$ und $\angle\, x_2y_2 = d\varphi_2 \sin\alpha_2$. Setzen wir also
die Umdrehungsgeschwindigkeiten $\dfrac{d\varphi_1}{dt} = \omega_1$ und $\dfrac{d\varphi_2}{dt} = \omega_2$, so erhalten wir **für die Übertragung der Drehung um die Achse a_1
auf die zu ihr windschiefe Achse a_2** — ganz wie in Art. 110 für den
Fall sich schneidender Achsen — die **Proportion**

$$\omega_1 : \omega_2 = \sin\alpha_2 : \sin\alpha_1. \tag{2}$$

116. Wir behandeln zum Schluß noch die Aufgabe: **Gegeben
sind die zueinander windschiefen Achsen a_1 und a_2; die
Hyperboloide H_1 und H_2 zu konstruieren, welche die Drehung
um a_1 in der Weise auf a_2 übertragen, daß die Umdrehungs-**

geschwindigkeiten ω_1 und ω_2 ein vorgeschriebenes Verhältnis haben. In Abb. 136 steht a_1 auf der Grundrißebene senkrecht,

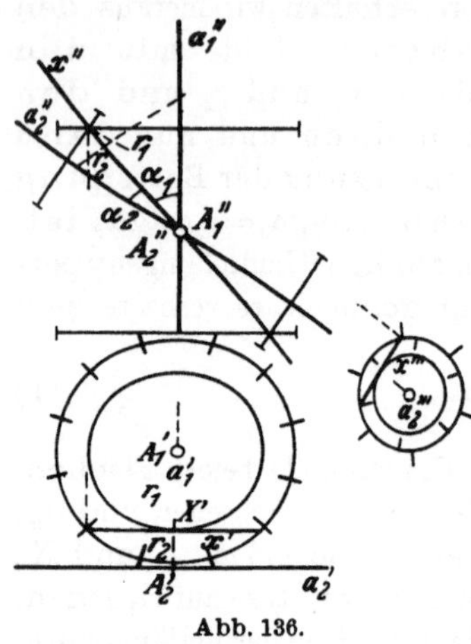

Abb. 136.

a_2 liegt zur Aufrißebene parallel, und das Verhältnis $\omega_1 : \omega_2$ möge gleich $1 : 2$ sein. Die Mittelpunkte beider Flächen, also die Endpunkte der kürzesten Entfernung von a_1 und a_2, sind wieder mit A_1 und A_2 bezeichnet. Die gemeinsame Erzeugende x_1, x_2 der beiden Hyperboloide — wir schreiben jetzt kurz x — ist senkrecht zu $A_1 A_2$ und daher gleichfalls zur Aufrißebene parallel. Wir erhalten ihren Aufriß x'' zufolge der Bedingung (2), indem wir einen Punkt ermitteln, dessen Abstände von a_1'' und a_2'' sich verhalten wie $2 : 1$. Legen wir dann die Strecke $A_1 A_2$, die im Grundriß in wahrer Größe erscheint, senkrecht zu x'' zwischen a_1'' und a_2'', so sind die auf ihr durch x'' erzeugten Abschnitte zufolge der Bedingung (1) gleich den Kehlkreisradien r_1 und r_2.

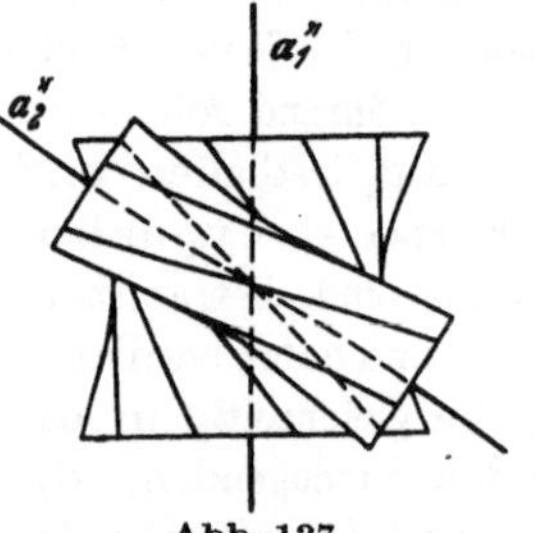

Abb. 137.

Um auf den so bestimmten Hyperboloiden eine Anzahl von Erzeugenden darzustellen, die bei der Übertragung der Drehung paarweise miteinander zusammenfallen, wählen wir auf der Geraden x in gleichen Abständen von ihrem Zentralpunkt X, der auf $A_1 A_2$ liegt, zwei Punkte und begrenzen die beiden Flächen durch die zu ihnen gehörigen Parallelkreise (Abb. 137). Da die Umdrehungsgeschwindigkeiten von H_1 und H_2 sich wie $1 : 2$ verhalten sollen, teilen wir die beiden auf H_1 liegenden Parallelkreise von x aus in doppelt soviel gleiche Teile, wie die Parallelkreise auf H_2.

Einführung in die ebene Getriebelehre. Zum Gebrauche bei Vorlesungen an Technischen Hochschulen und für die Praxis. Von Professor Dr.-Ing. **Theodor Pöschl,** Karlsruhe. Mit 84 Textabbildungen. VI, 127 Seiten. 1932. RM 9.75

***Getriebelehre.** Eine Theorie des Zwanglaufes und der ebenen Mechanismen. Von Professor **Martin Grübler,** Dresden. Mit 202 Textfiguren. VIII, 154 Seiten. 1917. Unveränderter Neudruck 1921. RM 4.20

Geometrie der Getriebe. Von **Karl Mack,** o. Professor der darstellenden Geometrie an der Deutschen Technischen Hochschule in Prag. Mit 76 Textabbildungen. VI, 93 Seiten. 1931. RM 8.50

Praktische Getriebelehre. Von Dr.-Ing. **K. Rauh,** Privatdozent für Getriebelehre an der Technischen Hochschule Aachen. Erster Band. Mit 196 Textabbildungen und 19 mehrfarbigen Abbildungen auf 8 Tafeln. VII, 139 Seiten. 1931. RM 21.—; gebunden RM 22.75

***Fahrzeug-Getriebe.** Beschreibung, kritische Betrachtung und wirtschaftlicher Vergleich der bei Maschinen verwendeten Getriebe mit fester und veränderlicher Übersetzung und ihre Anwendung auf Gleis- und gleislose Fahrzeuge. Von **Max Süberkrüb,** Regierungsbaumeister. Mit 137 Abbildungen im Text, 16 Abbildungen im Anhang und 15 Zahlentafeln. VII, 190 Seiten. 1929. RM 24.—; gebunden RM 25.50

***Evolventen-Stirnradgetriebe.** Berechnung, Herstellung, Prüfung. Von **R. Herrmann,** Ingenieur. Mit 77 Abbildungen im Text. V, 112 Seiten. 1929. RM 9.60

***Die Getriebe der Textiltechnik.** Ein Beitrag zur Kinematik für Maschineningenieure, Textiltechniker, Fabrikanten und Studierende der Textilindustrie von Professor Dr.-Ing. **Oscar Thiering,** Budapest. Mit 258 Textabbildungen. IV, 134 Seiten. 1926. RM 12.—; geb. RM 13.50

***AWF. Getriebe und Getriebemodelle.** Getriebemodellschau des AWF und VDMA 1928. Herausgegeben vom Ausschuß für wirtschaftliche Fertigung (AWF) beim Reichskuratorium für Wirtschaftlichkeit. Mit 173 Bildern. 192 Seiten. 1928. Gebunden RM 6.—
*Teil II: Zweite Getriebeschau des AWF und VDMA 1929. Herausgegeben vom Ausschuß für wirtschaftliche Fertigung (AWF) beim Reichskuratorium für Wirtschaftlichkeit. Mit 126 Bildern. 143 Seiten. 1929. Gebunden RM 4.50
